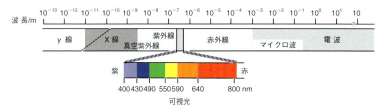

口絵1 電磁波の種類
（本文 p.10 参照）

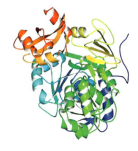

北米産ホタル（*Photinus pyralis*）の
ルシフェラーゼ（PDB code 1 lci）

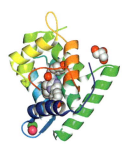

イクオリン
（PDB code 1 s 36）

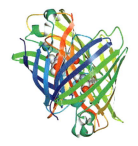

GFP（緑色蛍光タンパク質）
（PDB code 2 OKY）

口絵2 ルシフェラーゼ，イクオリン，GFP のリボン図
（本文 p.47 参照）

化学の要点
シリーズ
35

生物の発光と化学発光

日本化学会 [編]

松本正勝 [著]

共立出版

『化学の要点シリーズ』編集委員会

編集委員長	井上晴夫	首都大学東京 特別先導教授 東京都立大学名誉教授
編集委員 （50音順）	池田富樹	中央大学 研究開発機構　教授 中国科学院理化技術研究所　教授
	伊藤　攻	東北大学名誉教授
	岩澤康裕	電気通信大学 燃料電池イノベーション 研究センター長・特任教授 東京大学名誉教授
	上村大輔	神奈川大学特別招聘教授 名古屋大学名誉教授
	佐々木政子	東海大学名誉教授
	高木克彦	有機系太陽電池技術研究組合（RATO）理事 名古屋大学名誉教授
	西原　寛	東京大学理学系研究科　教授
本書担当編集委員	上村大輔	神奈川大学特別招聘教授 名古屋大学名誉教授
	牧 昌次郎	電気通信大学大学院 情報理工学研究科 准教授

『化学の要点シリーズ』
発刊に際して

　現在，我が国の大学教育は大きな節目を迎えている．近年の少子化傾向，大学進学率の上昇と連動して，各大学で学生の学力スペクトルが以前に比較して，大きく拡大していることが実感されている．これまでの「化学を専門とする学部学生」を対象にした大学教育の実態も大きく変貌しつつある．自主的な勉学を前提とし「背中を見せる」教育のみに依拠する時代は終焉しつつある．一方で，インターネット等の情報検索手段の普及により，比較的安易に学修すべき内容の一部を入手することが可能でありながらも，その実態は断片的，表層的な理解にとどまってしまい，本人の資質を十分に開花させるきっかけにはなりにくい事例が多くみられる．このような状況で，「適切な教科書」，適切な内容と適切な分量の「読み通せる教科書」が実は渇望されている．学修の志を立て，学問体系のひとつひとつを反芻しながら咀嚼し学術の基礎体力を形成する過程で，教科書の果たす役割はきわめて大きい．

　例えば，それまでは部分的に理解が困難であった概念なども適切な教科書に出会うことによって，目から鱗が落ちるがごとく，急速に全体像を把握することが可能になることが多い．化学教科の中にあるそのような，多くの「要点」を発見，理解することを目的とするのが，本シリーズである．大学教育の現状を踏まえて，「化学を将来専門とする学部学生」を対象に学部教育と大学院教育の連結を踏まえ，徹底的な基礎概念の修得を目指した新しい『化学の要点シリーズ』を刊行する．なお，ここで言う「要点」とは，化学の中で最も重要な概念を指すというよりも，上述のような学修する際の「要点」を意味している．

本シリーズの特徴を下記に示す.

1) 科目ごとに,修得のポイントとなる重要な項目・概念などをわかりやすく記述する.

2) 「要点」を網羅するのではなく,理解に焦点を当てた記述をする.

3) 「内容は高く」,「表現はできるだけやさしく」をモットーとする.

4) 高校で必ずしも数式の取り扱いが得意ではなかった学生にも,基本概念の修得が可能となるよう,数式をできるだけ使用せずに解説する.

5) 理解を補う「専門用語,具体例,関連する最先端の研究事例」などをコラムで解説し,第一線の研究者群が執筆にあたる.

6) 視覚的に理解しやすい図,イラストなどをなるべく多く挿入する.

本シリーズが,読者にとって有意義な教科書となることを期待している.

『化学の要点シリーズ』編集委員会
井上晴夫（委員長）

池田富樹　伊藤　攻　岩澤康裕　上村大輔

佐々木政子　高木克彦　西原　寛

まえがき

　その昔，晋の車胤（しゃいん）は貧しくて燈明の油を買うこともできず，夏の夜には蛍を捕えて明かりとし勉強したという．ホタルを新聞紙にのせるとお尻の光に照らされた部分だけは暗闇でも何とか字が読めるが，現代の私たちにはホタルの光は照明とはほど遠い．しかし黄緑色の光を点滅させながら宵闇に舞うホタルは数十メートル離れたところからでも光の点として捉えられる．一方，近くの暗闇にいるホタルと同じくらいの小さな昆虫を探そうと，こちらから光で照らしても見つけるのは至難である．自ら光るという情報発信力はきわめて大きい．

　ホタルなどの発光生物は体内で起こる化学反応により放出されるエネルギーを効率よく可視光に変えている．生物の体内で起こる化学発光が生物発光である．ここ60年ほど，生物発光と化学発光の研究は互いに関連しながら目覚ましく発展してきた．この間のバイオテクノロジーの進歩も著しく，生物発光に関わるタンパク質などが手に入るようになった．こうして，生物発光も化学発光もおのずから分子のレベルで光を出し情報を発信するツールとして，今では生命科学の分野で欠かせないものとなっている．

　本書では，基礎があっての応用という考えから，生物の発光と化学発光の研究について発展の歴史を踏まえ，どのような仕組みで発光するのかに力点をおいて書き下ろした．第1章では，人工的な光に満ちている私たちの身のまわりの光について眺めなおす．第2章では，"光と分子の関係"を中心に復習を兼ねて話をする．第3章では，日ごろ何げなく目にする発光という現象について概観する．次の章からは，第3章までの話を念頭において生物の発光と化学発

光について話を進める．第4章では発光する生物にはどのようなものがいるのか，発光に必要な物質は何なのか，それらがどのように反応して発光につながるのかについて話をする．第5章では，生物発光の研究から構造を予想して誕生したジオキセタンに対比し，古典的（古いという意はない）といわれるいくつかの化学発光基質を取り上げる．第6章ではジオキセタンの化学について話をする．ジオキセタンは化学的にきっちりと調べることが可能なただ1つの生物発光や化学発光の高エネルギー中間体である．それぞれの章では応用研究についてもふれ，締めくくりでは生物発光や化学発光の研究の展望について記す．

　コラムでは，本文中で説明できなかった専門的な事柄について解説するとともに，生物発光や化学発光にまつわるいくつかの話題について紹介する．また，用語の説明については本文中に†印をつけ，その章末に記す．

　生物発光も化学発光も今や生命科学と関連した応用研究が盛んである．一方，ノーベル化学賞を受賞された 故下村 脩博士は近著の中で，「生物発光の化学的研究は1970年代がピークで，現在は衰退期にある」，その原因に「研究が応用や利益に直接つながらないことが多い」こと，そして「研究の著しい発展には時代の推移を待つしかない」とも述べられている．しかし，この数年に生物発光の研究では久しぶりに発光生物のルシフェリン（発光基質）が新たに2つもみつかった．朗報である．本書を読んで，生物の発光と化学発光の化学の面白さの一端を知り，生物の発光と化学発光だけでなく基礎から応用までを含めた生命科学の研究に関わりたいと思う研究者の卵たちが生まれることを願ってやまない．

　本書を上梓するにあたり，生物発光のメカニズムについていろいろと議論、助言をいただいた信州大学の本吉谷二郎名誉教授そして

電気通信大学の平野 誉教授に厚くお礼を申し上げる．また文献の収集，原稿作成にあたり多大のご尽力をいただいた伊集院久子博士と渡辺信子博士に心より感謝する．

目　　次

第 1 章　私たちの身のまわりの光－熱い光と冷たい光－ …… 1

第 2 章　発光の基礎 ……………………………………… 5

2.1　光と色 ………………………………………………… 5
2.2　波としての光，粒子としての光 …………………… 6
2.3　光は電磁波 …………………………………………… 8
2.4　分子による光エネルギーの吸収と放出 …………… 11
　　2.4.1　分子の電子状態 ……………………………… 11
　　2.4.2　分子の基底状態と励起状態 ………………… 13
　　2.4.3　励起分子のたどる道 ………………………… 14

第 3 章　さまざまな発光 ………………………………… 17

3.1　光による発光 ………………………………………… 17
3.2　熱による発光 ………………………………………… 18
3.3　電気による発光 ……………………………………… 20
3.4　化学反応による発光 ………………………………… 20
3.5　摩擦や超音波による発光 …………………………… 22

第 4 章　生物の発光 ……………………………………… 23

4.1　発光する生物 ………………………………………… 23
4.2　発光生物は何のために光るのか …………………… 26

x　目　次

4.3　生物発光の化学 …………………………………………… 28
　4.3.1　ルシフェリンとルシフェラーゼ ……………………… 28
　4.3.2　ルシフェリンの化学構造と由来 ……………………… 32
　4.3.3　生物発光のメカニズム ………………………………… 38
4.4　生物発光の利用 …………………………………………… 54
　4.4.1　ホタルなど発光甲虫のL-L反応の利用 ……………… 58
　4.4.2　セレンテラジンを基質とするL-L反応の利用 ……… 62
　4.4.3　ウミホタルのL-L反応の利用 ………………………… 64
　4.4.4　発光バクテリアのL-L反応の利用 …………………… 64
用語の説明……………………………………………………………… 65

第5章　化学発光 …………………………………………… **67**

5.1　化学発光のほとんどは酸化反応 ………………………… 67
5.2　ロフィンの発光 …………………………………………… 70
　5.2.1　ロフィンの発光メカニズム …………………………… 72
　5.2.2　ロフィン類縁体の化学発光 …………………………… 73
5.3　ルミノールの発光 ………………………………………… 77
　5.3.1　ルミノールの発光メカニズム ………………………… 78
　5.3.2　ルミノール類縁体の化学発光 ………………………… 82
5.4　ルシゲニンとアクリジンの発光 ………………………… 84
　5.4.1　ルシゲニンの発光メカニズム ………………………… 85
　5.4.2　ルシゲニン類縁体とアクリジンの化学発光 ………… 86
5.5　過シュウ酸エステルによる発光 ………………………… 93
　5.5.1　過シュウ酸エステル化学発光の概観 ………………… 93
　5.5.2　過シュウ酸エステル化学発光のメカニズム ………… 96
　5.5.3　活性シュウ酸誘導体 …………………………………… 100

目　次　*xi*

第6章　生物に学んだジオキセタンの化学発光 …………… **103**

6.1　ジオキセタンの誕生と高効率化学発光基質への道のり … 103

6.2　ジオキセタンの熱分解と三重項化学励起 ………………… 109

6.3　電荷移動により誘発されるジオキセタンの発光分解 …… 114

6.4　ジオキセタンの構造と発光の特性 ……………………… 120

　　6.4.1　発光特性の偶奇相関則 …………………………… 122

　　6.4.2　ジオキセタンの立体化学と一重項化学励起効率 …… 123

6.5　ジオキセタン発光の利用 ………………………………… 125

用語の説明……………………………………………………… 132

おわりに ……………………………………………………… **135**

参考文献 ……………………………………………………… **139**

索　　引 ……………………………………………………… **141**

コラム目次

1. Pauli の排他原理と Hund の規則 …………………………… 12
2. バイオフォトン－竹取の翁は光る竹を見たか？ …………… 21
3. 活性酸素（ROS）…………………………………………… 30
4. ルシフェリン-ルシフェラーゼ反応の発見 ………………… 33
5. 電気化学発光と CIEEL ……………………………………… 40
6. ホタルルシフェラーゼ，イクオリンと GFP の結晶の
   三次元構造…………………………………………………… 47
7. FRET とタンパク質間相互作用の観測 …………………… 48
8. 逆 Diels-Alder 反応と Baeyer-Villiger 反応，…………… 54
9. 発光バクテリアのコミュニケーション－クオラムセンシング－
   …………………………………………………………………… 56
10. ワインが光る，ソーセージも光る ………………………… 71
11. 化学発光のプロフィールを知る …………………………… 74
12. 分子ビーコン ………………………………………………… 91
13. ケミカルライトと化学発光の理科演示実験 ……………… 94
14. 化学発光イムノアッセイと生物発光イムノアッセイ …… 126

第1章

私たちの身のまわりの光
―熱い光と冷たい光―

　人類がかくも地球上で繁栄を極めているのは火を手に入れたからである．たき火の熱により暖をとり，その明かりの下で寒さと外敵から身を守る術（すべ）を得た．このように私たちは子どものころに教わり，"火＝熱＋光"をごく当たり前に受け入れている．いい方を変えると「光を放つものは熱い」と普通に思っている．北風と太陽の話のように太陽は光と熱（暖かさ）をもたらす．たき火もロウソクの炎も確かにそうである．蛍光灯も LED ランプでさえも熱を出す[*1]．一方，ホタルの光は冷たい．ホタルを手にとっても掌（てのひら）が黄緑色に照らされるだけで熱はまったく感じられない．まして火は水で消えるのにホタルイカ，ウミホタルやクラゲは水の中で光を放つ．どうやら「"熱い光"と"冷たい光"がありそうだ」，「熱と光はいつも一緒というわけではなさそうだ」，一体どうなっているのだろうと思う．

　私たちの身のまわりには高熱に曝（さら）されると火の着くものが沢山ある．ロウソクを例にすると，まず種火を芯（しん）に近づけ加熱すると，芯から炎が立ち上がり芯の周りのロウが溶け，芯を濡らす．溶けたロウの浸み込んだ芯の先が燃え，ロウソクがなくな

　＊1：発光の仕組みとして白熱光（黒体放射）と冷光という分け方をすれば，蛍光灯も LED ランプも冷光である．

るまで燃え続ける．炎は橙色に輝き熱い．熱はロウソクのパラフィンが空気中の酸素により激しく酸化される（燃焼反応）ときに出される．光の大部分は高い温度に加熱されたすす（煤：ロウソクのパラフィンが分解してできる）が出す熱放射である．このうち私たちの眼に見える光，可視光になるエネルギーはごくわずかの 0.04% と見積もられ，残りのエネルギーの 99.96% は熱として放出される．

白熱電球の光も熱放射による．フィラメントの中を電流が流れるときの電気抵抗によりフィラメントが高温に加熱されて可視光を放つが，そのエネルギー変換効率は 2% 前後にすぎない．地球上の生命の源である太陽の光は，太陽という天体の中で起こっている熱核融合反応により高い温度に加熱された黒体からの放射光である．太陽からの可視光でさえ地球に届く全エネルギーの 1/5 に満たない．

一方，ホタルの発光は放つエネルギーの 41% が可視光である．オワンクラゲやウミホタルの発光もエネルギー効率は 20% を超える．これら生物の発光は，生物の体の中で起こる化学反応によっている．まず発光生物の体内で高エネルギーの物質が合成され，それが分解するときに放出されるエネルギーが可視光となって放たれる．先に述べたようにその効率はきわめて高い．それでもエネルギーの半分以上は熱になっている．熱として放出されるエネルギーは生物の体内にある水などの分子の振動エネルギーとして吸収される．その結果，発光効率の高さと相まって生物の発光は熱を伴わない．生物の出す光が "冷光" といわれる所以である．

今から 80〜90 年ほど昔に偶然に発見されたルミノールやルシゲニンなどの合成有機化合物は，水溶液や有機溶媒中で過酸化水素などの酸化剤と化学反応を起こして高エネルギーの不安定中間体を生成し，それが分解するときに発光する．化学発光といわれる現象である．パーティグッズや魚釣りの照明などとして使われるケミカル

ライト（過シュウ酸エステル）による発光はとりわけ明るく，その効率は生物発光の効率に匹敵する．

　生物の発光と化学発光の違いは光エネルギーを生み出す化学反応が「生物の体内で起こるかそうでないか」による．発光のメカニズムについておおよそわかっているホタル，オワンクラゲやウミホタルなどでは，生物体内で合成されるジオキセタンという高エネルギーの四員環過酸化物が分解して電子的に励起された（励起状態の）分子が生成する．これが安定な状態（基底状態）にある分子に戻るときに光を放つ．ルシゲニンやケミカルライトの化学発光でもジオキセタン構造をもつ高エネルギー中間体が関わっていると考えられている．

　生物発光が科学的に調べられるようになった原点はDubois（デュボア）によるL–L反応の発見である．Duboisは1885年に生物の発光がルシフェリン（発光のもととなる物質）とルシフェラーゼ（ルシフェリンを発光させる酵素）の反応により起こることを発見した．おそらく偶然ではあろうが，その2年後に最初の化学発光化合物であるロフィンが発見されている．それからおおよそ130年が経過するが，とりわけこの60年ほどは生物の発光と化学発光の研究はお互いに強く影響を及ぼしあいながら発展してきた．

　生物発光と化学発光の研究史における大きな山の頂がオワンクラゲの発光についての研究から生まれた「緑色蛍光タンパク質の発見と応用」であり，これは下村 脩，Martin Chalfie，Roger Y. Tsienの3博士に贈られた2008年ノーベル化学賞の対象となった．この山の頂への動きは1950年代後半から1970年代において目覚ましく，この間にホタルやウミホタル，そしてオワンクラゲの発光のメカニズムについてのおおよその姿が明らかとなった．化学発光においても1960〜70年代は特筆すべき時期であって，ロフィン，ルミノー

ル，ルシゲニンなどの化学発光のメカニズムについての研究が大きく進展し，ケミカルライトのもととなる過シュウ酸エステル発光が発見されている．さらには，ホタルなどの生物発光メカニズムを調べる研究からジオキセタン化学が誕生した．ジオキセタンは高エネルギー中間体そのものであって，化学発光基質として利用するだけでなく，分子の構造を確かなものとしたうえで発光に至る仕組みを詳細に検討できる唯一といってよい材料である．

　生物発光における高エネルギー中間体とそれからの発光現象については，まだまだわかっていないことが多い．ジオキセタンの登場によって生物の発光と化学発光は，高エネルギー分子の化学を基盤として結びついたといえる．今日では生物発光と化学発光は基礎研究よりむしろ応用研究が盛んであり，医療や分子生物学を中心とする生命科学においてなくてはならないツールとなっている．本書ではあらためて"基礎があっての応用"という視点から生物の発光と化学発光について話を進め，応用についても代表的な例を取り上げて紹介する．

第2章

発光の基礎

2.1 光と色

　光といえば私たちがまず思い浮かべるのは太陽，地球上の生命は太陽光の恵みなくしては成り立たない．太陽光は白く見えるので白色光といわれ，アリストテレスはこれを純粋なものとし，「色は光と闇の混じり具合いで決まる」とした．近代科学の黎明期になって，Newton はプリズムを使った実験で太陽光が虹色の帯に分かれることを発見した（1666 年）．虹の帯には境がなく太陽光には無数の色の光が含まれている．虹の“赤，橙，黄，緑，青，藍，紫”という 7 色の帯は私たちヒトが光をどう識別するかという能力の問題であって，科学的な根拠はない．

　ヒトの眼の網膜には桿体（かんたい）と錐体（すいたい）という 2 種類の光を受け取る細胞がある．桿体はおもに明暗を感じとり，錐体はおもに色を感じとる．錐体の中には 3 種類の視物質があり，それぞれが青，緑，赤の“光の 3 原色”をおもに受け取る役割を担っている．これらの視物質が受け取った信号の強度の組合せが脳に伝えられ，私たちは光の色を識別している．視物質の種類は動物により異なる．イヌやネコには 2 種類の視物質しかないため，ヒトよりも彩の少ない世界を見ているようである．一方，鳥類は 4 種類の視物質をもっていて紫外線も見えるといわれている．野鳥がヒト

6   第2章　発光の基礎

には目立たない木の実や虫を見つける能力も，このようなことによるかもしれない．

　パソコンやテレビのディスプレイの画面表示の選択にあるように青，緑，赤の光の混ぜ方を変えると，白色光をはじめ無数の色を作り出せる．一方，白色光から青と赤を除けば緑が残り，青と緑を除けば赤が残る．木の葉の緑とリンゴの赤である．木の葉は青と赤の光を吸収し，反射された緑の光だけが私たちの眼に入る．リンゴは赤の光だけを反射している．このように自ら光を放たない物質の色は白色光からの引き算になる．ディスプレイの色に対しプリンターで印刷される色である．シアン（明るい青），黄，マゼンダ（明るい赤紫）が"色の3原色"といわれ，"光の3原色"と異なり混ぜると黒になる．

2.2　波としての光，粒子としての光

　波には水面を伝わる波のような横波と音波のような縦波がある．横波は波の進む方向と振動の方向が直交していて，縦波は波の進む方向と振動の方向が平行になっている．光は水面を伝わる波と同じく横波である．

　基本となる横波は同じ波形が繰り返される"正弦波（sine wave）"であり，横軸に時間の経過を，縦軸に波の高さを表した横波の模式図を図2.1に示す．山から山（あるいは谷から谷）までの長さを**波長**（λ）といい，波の高さを振幅という．山から次の山が現れるまでの時間を周期といい，波を伝える媒質が1回振動する時間に相当する．単位時間（1 s）に振動する回数を**振動数**（ν）といい，単位にHz（ヘルツ）を用いる．光の波（光波）の場合，波長と振動数そして光の速度（c）との関係は$c = \nu\lambda$となる．真空中の

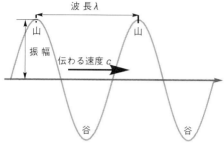

図 2.1　正弦波の振動と周期

光の速度は $c = 3.00 \times 10^8$ m s^{-1} であるから，たとえば，波長が 300 nm（1 nm = 10^{-9} m）の光は 1 s に 1.00×10^{15} 回振動する．

　光は直進し，物質（媒質）により反射，吸収，屈折や干渉されたりする．太陽光がプリズムで虹の帯に分かれるのは屈折による．これらはみな波としての光の性質による．ところが光を波として考えると説明のつかない光電効果という現象が 19 世紀末にはすでに知られていた．金属に光を当てると電子が飛び出す現象で，金属原子中の電子が光によりたたき出されると考えられていた．そうだとすると，光のエネルギーが大きいほど電子は勢いよく飛び出すことになる．水面を伝わる波では振幅の大きな波（大波）が大きなエネルギーをもっていて船を揺らす．振幅の小さな波（さざ波）では船は揺れない．光も波であるから振幅の大きな波は大きなエネルギーをもっているはずである．

　ところが，当てる光を強く（振幅を大きく）しても飛び出す電子のエネルギーは光が弱い場合と同じで，飛び出す電子の数が増えるだけである．この光電効果の謎は「光はエネルギーをもった粒子（光子）として振る舞う」という Einstein の光量子論によって解決

8 第2章 発光の基礎

した．ある振動数の光はその振動数に比例（その波長に反比例）したエネルギーをもつ"光の粒子"とする考えである．強い光は光の粒子が多く，沢山の電子を金属からたたき出せるということになる．そして光のエネルギーは水面の波とは違い振幅には関係なく波長や振動数に関係する．光は反射，吸収，屈折そして干渉という波としての性質（波動性）をもつと同時に粒子としての性質（粒子性）を併せ持つ．光はエネルギーすなわち運動量をもった粒子として振る舞うので"光子"とよばれる．このように光には波動性と粒子性という二面性がある．

光の波動性は振動数として，粒子性は運動のエネルギーとしてそれぞれ表せる．これらを互いに関係づけたのが Einstein-Planck の式であり，光子1個のもつエネルギー E は式(2.1) で表される．

$$E = h\nu = \frac{hc}{\lambda} \tag{2.1}$$

E：光子の運動エネルギー

h：Planck 定数（6.626×10^{-34} J s）

ν：振動数

λ：波長

2.3 光は電磁波

水面の波や音は水や空気という物質自体の振動が周囲に伝わっていく現象で，波を伝える物質（媒質）がなければ伝わらない．ところが光は媒質のない宇宙のかなたからも飛来する．結論からいうと光は物質の振動ではなく，真空中にも生じうる電場と磁場の振動が周囲に広がっていく"電磁波"である．電場とは電荷が電気力を及ぼすことのできる空間であり，磁場とは磁石が磁力を及ぼすことの

できる空間である．磁石の周りに砂鉄を撒くと砂鉄は磁石の一方の極から放射状に出てもう一方の極に吸い込まれるように並ぶ．砂鉄が磁石の磁場に沿って並ぶのである．液体の表面に小さな繊維をたくさん浮かべて，そこに電気を帯びた物体を置くと，繊維が電気力を受けて放射状に整然と並ぶ．電気と磁気は兄弟のような関係にある．鉄芯に巻いたコイルに電流を流すと鉄芯は磁石になる．電場の変動により磁場が発生したのである．逆に，電気を流さないコイルに磁石を出し入れすると電流が発生する．つまり，電場が変動すると磁場が発生し，磁場が変動すると電場が発生する（電磁誘導）（図2.2）．

それでは電磁波はどのように発生するのか？ 導線に交流電流を流すと導線の周りに発生する磁場は交流電流の周波数に応じて右回り左回りに変動（振動）する．磁場が振動すると電磁誘導により磁場と直交する方向に電場が発生して振動する．振動する電場はそれと直交する方向に振動する磁場をふたたび生む．このようにして互いに直交する電場と磁場の振動が繰り返し起こり，空間に波となって放出される（図2.2）．Maxwellは1864年に電場と磁場が一緒に変化し伝播していく波の存在を予言しこれを電磁波とよんだ（図

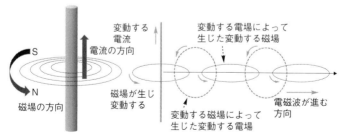

図2.2　電流の方向と生じる磁場の方向

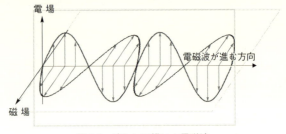

図2.3 波として描いた電磁波

2.3).そして電磁波の伝播する速度が Fizeau の実験(1849年)から求められた光速ときわめて近いことに気づいた.Maxwell の電磁波に関する予言は Hertz によって 1888 年に実験的に証明された.電場と磁場が空間を光と同じ速度で伝わることを確かめたのである.

私たちの日常から切り離すことのできないテレビや携帯電話は電波によって機能している.電波も光も電磁波である.Röntgen によって発見された X 線や γ 線,そして紫外線,赤外線もすべて電磁波である.これらの違いは口絵1に示すように波長によって特徴づけられる.

私たちが日ごろ何げなく"光"と称している電磁波は波長が約 400〜800 nm の可視光であって,波長の短いほうから紫,藍,青,緑,黄,橙,赤となる.紫より波長の短い光(10〜400 nm)が紫外線(UV, ultraviolet)であり,赤より波長の長い光(800 nm〜1 mm)が赤外線(IR, infrared)である.電波は波長が 1 mm より長い電磁波である.

2.4 分子による光エネルギーの吸収と放出

　電磁波である光は原子や分子中の負電荷をもつ電子を揺り動かす．正電荷をもつ原子核も光の作用を受けるが電子に比べてはるかに重い（水素原子で 1840 倍）ので，原子核と光の関わりはまず考えなくてよい．光により揺り動かされた電子はエネルギーを獲得する．これが原子や分子による光エネルギーの吸収過程であり，獲得したエネルギーは光や熱あるいは化学反応として放出される．このうち光とりわけ可視光として放たれる現象が発光である．のちに詳しく述べるように，生物の発光と化学発光では分子の獲得するエネルギーは原子間の結合や切断を伴う化学反応によるものであって，光からのエネルギーではない．しかし，エネルギーの源が何であれ高いエネルギーを獲得した分子のたどる道は変わらない．次に分子が光エネルギーを吸収し，そのエネルギーを光や熱として放出する様子を話そう．

2.4.1 分子の電子状態

　分子と光の関わりを知るには，分子の電子状態について理解することが大切である．分子の電子状態は分子軌道論の考え方によるのが最もわかりやすい．分子軌道論によれば，分子内の電子のエネルギーはその分子を構成する原子の原子軌道の結合によりつくられる**分子軌道**（molecular orbital：MO）を用いて表現される．分子軌道はビルディングの 1 階，2 階，3 階… といったようにとびとびのエネルギー間隔（エネルギー準位という）で配置されている．電子は 2 個ずつがスピンを逆にした対となってエネルギー準位の低いものから分子軌道を順に占有していく（Pauli の排他原理，Hund の規則，コラム 1 参照）．図 2.4 に示すように，電子の詰まった分子軌

12　第2章　発光の基礎

コラム1

Pauli の排他原理と Hund の規則

　原子における電子の分布の形状は電子の波動性のため不連続となっていて，これを量子化という．量子化された電子状態とそのエネルギーは Schrödinger の波動方程式から求められる．これらを決める指数を量子数といい，主量子数 n，方位量子数 l，磁気量子数 m がある．電子状態は n, l, m の順に決まり，すべての軌道は3つの量子数，n, l, m のいずれかが異なる．

　実際には，3つの量子数，n, l, m に加えてスピン量子数 m_s を考える必要がある．電子が電荷を帯びた自転（スピン）する粒子とすれば，自転の方向により正反対の磁気モーメントをもつ．電子が実際にスピンしているかどうかは確認できないが，電子は（$+1/2$）または（$-1/2$）のスピン量子数（m_s）をもつとすれば実験事実が矛盾なく説明される．

　原子が最も安定な状態（基底状態）にあるときの電子の配置は次の法則に従って決められる．

(1) エネルギーの低い軌道から順に電子が配置されていく．

(2) 1つの軌道には2つの電子しか収容されない．この1つの軌道に入る2個の電子は m_s が異ならなければならない．すなわち，（$+1/2$）（αスピン）と（$-1/2$）（βスピン）の対になっている場合のみ可能である．[**Pauli の排他原理**]

(3) エネルギーの等しい空の軌道が2つ以上ある場合には，まず，電子1つずつがそれらの軌道をすべて満たす．[**Hund の規則**]

　たとえば，6個の電子をもつ炭素原子では，$n=1$ の 1s 軌道，$n=2$，$l=0$ の 2s 軌道，$n=2$，$l=1$ の $2p_x, 2p_y, 2p_z$ の合計5つの軌道に，電子は $(1s)^2(2s)^2(2p_x)^1(2p_y)^1$ のように配置される．

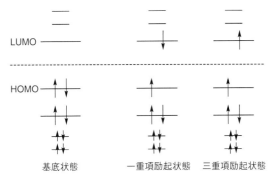

図 2.4 分子軌道の電子の基底状態と励起状態の概念図

道のうち，最もエネルギーの高い軌道を最高被占軌道（HOMO：highest occupied MO）という．一方，電子の詰まっていない分子軌道のうち，最もエネルギーの低い軌道を最低空軌道（LUMO：lowest unoccupied MO）という．これら HOMO と LUMO が分子の化学的性質を決定づける．

分子は，構成している原子間の結合距離が伸縮したり，結合の角度が広がったり狭くなったり，捻じれたりして振動している．これら分子の振動エネルギーもとびとびの値（準位）をとる．分子軌道ではエネルギー準位をビルディングの各階になぞらえた．振動エネルギー準位はその間隔が分子軌道の準位に比べずっと小さく，いわば各階を結ぶ階段になぞらえられる．

2.4.2 分子の基底状態と励起状態

通常の分子では全電子のエネルギーの総和が最も低くなるようにすべての電子が分子軌道に配置されている．このような状態を基底状態（ground state）という．基底状態の分子に光が当たると

14 第2章 発光の基礎

HOMO の電子が光エネルギーを吸収して空の軌道に遷移する．このような電子状態を励起状態（excited state）という．図 2.4 に示すように，励起状態には電子のスピンの向きにより2つの状態がある．HOMO と LUMO にある電子のスピンが互いに逆のときを一重項励起状態（singlet：S と表す）という．一方，電子のスピンが同じ向きのときは，三重項励起状態（triplet：T と表す）といい，三重項励起状態は対応する一重項励起状態よりエネルギーが常に少し低い．なお，通常の有機分子の基底状態は一重項であって S_0 と表し，一重項励起状態はエネルギー準位の低いほうから S_1，S_2，…と表し，三重項励起状態は同じように T_1，T_2，…と表す．

2.4.3　励起分子のたどる道

　励起状態の分子はいくつかの道（初期過程）をたどって速やかに基底状態に戻ろうとする．これらの初期過程について Jablonski（ヤブロンスキー）図を用いて詳しく説明しよう（図 2.5）．

　基底状態 S_0 の分子は光エネルギーを吸収していくつかの一重項励起状態 S_1，S_2，…に遷移しうるが，上位の励起状態の分子は分子衝突などによりエネルギーを失い速やかに最低一重項励起状態 S_1 に落ちる．最低一重項励起状態 S_1 の励起分子は次のような経路を経て失活する．

　（1）　無放射失活：S_1 状態から基底状態 S_0 の高振動準位に等エネルギー的に遷移し，分子衝突などによりエネルギーを失いながら階段を下り，S_0 のゼロ点振動準位まで落ちる（振動緩和という）．とくに一重項から一重項，あるいは三重項から三重項への無放射遷移を内部変換という．

　（2）　放射失活：無放射失活と競争して，光を放出しながら S_1 状態から基底状態 S_0 に直接落ちる．階段を下りないで2階から1階

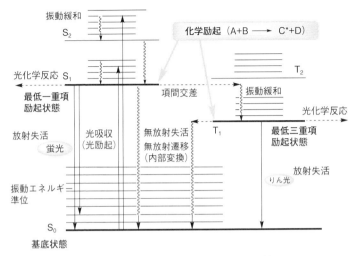

図 2.5 Jablonski 図　励起分子のたどる道

に飛び降りるとイメージすればよい．とくに一重項励起状態から放出される光を蛍光（fluorescence）とよぶ．

(3) 項間交差：S_1 状態から最低三重項励起状態 T_1 の高振動準位に等エネルギー的に乗り移り，さらに振動緩和により T_1 のゼロ点振動準位に落ちる．T_1 状態からは無放射遷移で振動緩和により基底状態 S_0 に失活する．この過程と競争して，$T_1 \to S_0$ の放射失活も起こりうる．三重項励起状態から放出される光をりん光（phosphorescence）とよぶ．なお，固相や低温状態にない分子からはりん光の放射は通常起こらない．

(4) 光化学反応：励起状態の分子は転位，分解を起こすほか，他の分子と反応する．

なお，基底状態にある分子の励起は光エネルギーの吸収（光励

16   第2章 発光の基礎

起）により起こるだけでなく化学反応によっても起こり，これを化学励起（chemiexcitation）という．化学励起こそが本書のテーマである生物の発光と化学発光の根幹である．また発光は化学励起された一重項励起分子からの蛍光である．

　化学励起については第3章を参照されたい．

第3章

さまざまな発光

　私たち人間は古くからたき火，松明（たいまつ）やロウソクの光を利用してきた．エジソンによる白熱電灯の発明以来，20世紀後半には蛍光灯，そして21世紀になってLEDや有機ELなど，さまざまな光を身近なものとしている．一方，古来より人々の好奇心をかき立ててきたホタルなど生物の発光や稲妻，オーロラなどの発光現象が自然界には知られている．このように発光（ルミネセンス，luminescence）現象は多様であるが，"吸収したエネルギーの放出"という視点からは例外のない共通した現象である．物質（原子，分子）がさまざまな刺激によりエネルギーを吸収し再放出するとき，その一部を可視光として放つのである．次にどのような刺激により物質が発光するかを概観する．

3.1　光による発光

　原子や分子が光を吸収して励起状態になり，これらが基底状態に戻るときに光を放つ現象をフォトルミネセンス（photoluminescence）という．分子が光を吸収するときには振動準位を含んだ電子励起が起こるが，発光するときには振動準位の最も低い最低励起状態から基底状態に戻るので，発光の波長は吸収光の波長より長い．一重項励起状態（S_1）からの発光は蛍光といわれ，基底状態

18　第3章　さまざまな発光

(S_0) に戻る寿命は $10^{-9} \sim 10^{-6}$ s である．一方，三重項励起状態
(T_1) からの発光はりん光といわれ，基底状態（S_0）に戻る寿命は
$10^{-3} \sim 10$ s である．

3.2　熱による発光

　熱による発光には，次のように黒体放射，炎色反応，熱ルミネセ
ンスがある．

　(1) 黒体放射：熱は伝導，対流，そして放射（輻射）によって
伝わる．熱伝導や対流では熱振動がそのまま伝わっていく．一方，
熱放射では物体が電磁波（赤外線）を放射し別の物体がその電磁波
を受け取ることにより熱が伝わる．どのような物体もその温度に応
じて連続的なエネルギー分布の電磁波を出していて，それを理想化
したモデルの黒体はあらゆる波長の電磁波を完全に吸収または放射
する．温度 T の黒体から放射される波長 λ の電磁波の強さ I は $I=$
$(2hc^2/\lambda^5)[1/\exp(hc/\lambda kT)-1]$（$k$：Boltzmann 定数）で表され，
高温ほど短波長の電磁波の強度が増す（図 3.1）．星の表面温度は
赤い星＜白い星＜青い星の順に高くなることはよく知られている．
太陽光も白熱電灯の光も黒体放射に近い．太陽の表面温度は約
6000 K なので可視光領域の電磁波の強度が最大になり，私たちに
白い光として見える．白熱電灯では，電流を流すとジュール熱によ
りフィラメントが 2500 K ほどの高温に達し，そこからの放射光を
光源としている．たき火やロウソクの炎の光は 1000 K ほどに加熱
されたすすからの放射による．太陽に比べはるかに低い温度の黒体
からの放射と考えれば，大部分が赤外線（熱線）であってごく一部
が可視光となるにすぎないこともうなずける．

　(2) 炎色反応：白金線に食塩（塩化ナトリウム，NaCl）をつけ

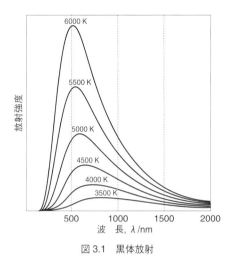

図 3.1 黒体放射

てバーナーの炎にさらすと炎がオレンジ色に輝く．理科実験でおなじみのナトリウム（Na）の炎色反応であって，リチウム（Li）は赤，カリウム（K）は紫，バリウム（Ba）は緑…といった具合に，元素は加熱されると温度に関係なくその元素固有の励起状態を生成し発光する．花火の色鮮やかな光はこれを利用したものである．

(3) 熱ルミネセンス：γ線などの放射線を受けたフッ化カルシウム（CaF_2）やフッ化リチウム（LiF）の結晶は加熱すると発光する．結晶中の電子が放射線のエネルギーを受けると原子から飛び出し，結晶中の不純物（たとえばマンガン（Mn））に捕捉されて準安定状態にとどまっていて，熱を加えると発光しながら基底状態に戻る．熱ルミネセンス（thermoluminescence）といわれる現象であるが，黒体放射と異なり加熱は発光の引き金（トリガー）にすぎない．

20   第3章　さまざまな発光

3.3　電気による発光

　電気による発光には次のように，気体の放電，カソードルミネセンス，そしてエレクトロルミネセンスがある．

　(1) 気体の放電による発光：ネオンサインや稲妻のように気体の放電が発光を伴うことは多い．蛍光灯やプラズマテレビの光は紫外線で励起された蛍光物質の発する光であるが，もととなる紫外線は放電による水銀（Hg）や貴ガスの発光である．

　(2) カソードルミネセンス：電子線を蛍光物質に照射して起こす発光である．身近な例がテレビのブラウン管であって，電子線を走査して三原色の蛍光色素を発光させて画像としている．

　(3) エレクトロルミネセンス：半導体に電界を印加して発光させる．一つは電子と正孔を注入し，それらが再結合するときに励起状態を作り出す注入型といわれるものであり，発光ダイオード（LED）や有機EL（OLED）が該当する．もう一つは電界によって加速された電子が金属イオンなどの発光中心に衝突して励起状態を作り出す真正型である．

3.4　化学反応による発光

　化学反応に伴う反応熱により励起状態にある分子が生成し，これが基底状態に戻るときに可視光を放射する．このような発光を"化学発光"という．"生物発光"は生物の体内で進む化学反応による発光である．また，電極での酸化還元反応に伴う発光が"電気化学発光"である．これについてはコラム5を参照されたい．

　ところで，生物の世界では種子の発芽するときや白血球が侵入者を攻撃するときなどに発光の起こることが知られている．しかしこ

3.4 化学反応による発光　21

コラム2

バイオフォトン－竹取の翁は光る竹を見たか？

竹取物語は「今は昔，竹取の翁といふ者ありけり．野山にまじりて竹を取りつつ，（中略）その竹の中にもと光る竹なむ一筋ありける」で始まる日本最古の物語文学といわれる．さて竹が光ることはあるのだろうか？「光る竹に3寸（約9 cm）ほどの小さな赤ちゃんがいて翁がそっと手にとると……」ということであるから，切り株が光っていたのであろう．タケノコではあるが切り株が光るという"Once upon a time……"で始まる論文がある．その論文によると新鮮な切り口の全面から微弱光が放たれる．タケノコに含まれるチロシン（必須アミノ酸の一つ）やチロシン二量体がペルオキシダーゼのはたらきで光ると説明されている．

タケノコの切り口に限らず，生物の生命活動によってさまざまなところから光が出されている．しかし私たちの肉眼ではまったく見えないような微弱光なので，ホタルなどの生物発光と区別してバイオ（生物）フォトンという．バイオフォトンのいくつかの例を示そう．

発芽したコムギ種子の芽と根から560～610 nmの微弱光が見られる．発芽していない種子や死んだ種子からは発光しない．そのほか，植物に乾燥，塩害，紫外線などの環境ストレスや虫に食べられるといったストレスを加えると植物は微弱光を放つ．

白血球が細菌を貪食する際に発光する．細胞膜に存在する還元型ニコチンアミドアデニンジヌクレオチドリン酸 NAD(P)H とオキシダーゼの作用によりスーパーオキシドアニオン（$O_2^{\cdot -}$ が生成，これに続き生成する過酸化水素 H_2O_2 やヒドロキシラジカル $HO^{\cdot}$ などの活性酸素（コラム3参照）がタンパク質中のインドール環を酸化して励起種を生成すると考えられている．

また細胞はアポトーシス（プログラムされた細胞死）に先立って大量の活性酸素を発生し，その際に強いバイオフォトンが観測される．

22   第3章　さまざまな発光

れらの発光は極微弱でヒトの眼には見えないため，通常は"生物発光"に含めずバイオフォトンと称されている（コラム2参照）．「生物の発光」については第4章で詳しく述べる．第5章と第6章では有機化合物による"化学発光"を取り上げるが，さまざまな無機物質による化学発光も知られていて，ここで少しふれておきたい．

　湿った空気中で白リンが緑色の発光をする現象は古来より知られており，鬼火や狐火の原因の一つともいわれている．リン（P）の気相酸化反応により励起状態の $(PO)_2$ や HPO が生成し発光する．先に述べたロウソクの光やたき火にも黒体放射のほか，燃焼によって生じる OH，C_2 などの不安定な化学種の励起状態からの発光が混じっている．私たちが呼吸している酸素（O_2）も励起させると発光する．たとえば，過酸化水素（H_2O_2）と市販の次亜塩素酸（$HClO$）を混ぜると一重項励起酸素が発生し赤色に発光する．

3.5　摩擦や超音波による発光

　鉱石などを粉砕するときに発光することは古くから知られている．接触する面の摩擦による発光でトリボルミネセンス（triboluminesence）といわれる．砂糖も砕くときに発光するが，その際に発生する静電気による空気の静電破壊の結果，窒素ガス（N_2）からの発光が起こると説明されている．セロハンテープをロールからはがすときにも窒素の放電スペクトルが見られる．

　液体に超音波を照射するとソノルミネセンス（sonoluminescence）といわれる発光が起こる．超音波の照射により発生する気泡が加圧時に圧壊とよばれる激しい収縮をする．その内部は場合によっては数万℃の高温，高圧になり，さまざまな化学反応が起こる．そのときに見られる発光であるが，メカニズムはまだよくわかっていない．

第4章

生物の発光

4.1 発光する生物

　発光する生物としてまず思い浮かべるのはホタルであろう．日本ではゲンジボタル，ヘイケボタルなど40種，世界中ではホタルの仲間はおよそ2200種知られている．そのほかヒカリコメツキなどの光る甲虫の仲間が800種，あわせて3000種ほどがこれら（鞘翅目）の仲間である．ただ，そのなかには発光しないものも数多い．ニュージーランドの洞窟に棲むヒカリキノコバエ（アラクノカンパ）はハエやガの仲間（双翅目）のうち現在知られているただ一つの発光昆虫である．光るチョウ，ガやトンボは知られていない．そのほか陸生の発光生物としてミミズ，ヤスデ，ムカデ，カタツムリの仲間がいる．光るキノコは日本でも見られるツキヨタケやヤコウタケを含め，世界中で80種ほどが知られている．一生を川で過ごす巻貝ラチアはバクテリアを除き淡水中に棲むただ一つの発光生物である．幼虫期を淡水中で過ごすゲンジボタルやヘイケボタルはホタルの仲間には珍しい．

　昆虫は地球上で最も繁栄する生物であって100万種から1000万種く

ゲンジボタル

らいはいるとされている．この数から考えると陸上に棲む生物のうち発光するものはほんのごく一部である．一方，海，とりわけ深海に棲む生物の大部分は発光すると考えられている．ただ，今日知られているのはまだ700種ほどにすぎない．そのなかでも，われわれが見る機会のある発光生物はウミホタル，ホタルイカ，そして夜の波打ちぎわ一面に光るヤコウチュウ（赤潮の原因となるプランクトン）である．加えてオワンクラゲは下村博士らの2008年ノーベル化学賞受賞を機にあまりにも有名な発光生物となった．魚類にもチョウチンアンコウやマツカサウオなどさまざまな発光生物が知られている．

オワンクラゲ

発光バクテリアは海水に限らず淡水中にもいる．マツカサウオの発光は眼の下にある発光器に共生している発光バクテリアによる．浜辺に打ち上げられたエビや魚の死骸が光るのも，生のイカを塩水に一晩浸けておくと光るようになるのも発光バクテリアによる．このように発光する生物はバクテリアから菌類，軟体動物，昆虫，魚類まで幅広く分布している．表4.1に代表的な発光生物を示す．一方，植物や，カエルなどの両生類，ヘビ，トカゲなどの爬虫類，鳥類，哺乳類には発光する生物が何一つ知られていない．

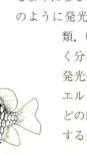

マツカサウオ

表 4.1　生物の発光

類	発光生物の例	発光能力[a]	発光様式[b]	ルシフェリン[c]
細菌類	発光バクテリア	自	L–L	Bacteria–L
菌　類	ヤコウタケなど	自	L–L	HisL
原生動物	渦鞭毛虫	自	L–L	DinL
刺胞動物	オワンクラゲ	半	PP/O$_2$	Czn
	ウミシイタケ，ウミサボテン，ウミエラ	半	L–L	Czn
環形動物	巨大発光ミミズ	自	L–L	DipL
	シベリア産ミミズ	自	L–L	FriL
節足動物	ウミホタル	自	L–L	CypL
	コペポーダ	自	L–L	Czn
	発光オキアミ	半？	L–L	DinL
	ヒオドシエビ，ミノエビ，サクラエビ	半	L–L	Czn
	ホタル，ヒカリコメツキ，鉄道虫	自	L–L	FL
	アラクノカンパ	自	L–L	？
軟体動物	ラチア	自	L–L	LL
	ホタルイカ	半	L–L	Czn-sulfate
	トビイカ	半	PP	Czn
	ユウレイイカ	半	L–L	Czn
	ケンサキイカ，ヤリイカ，ダンゴイカ	発光バクテリアと共生		
棘皮動物	クモヒトデ	半	L–L	Czn
脊索動物	オタマボヤ	自？	？	Czn？
脊椎動物（魚類）	ハダカイワシなど中深層魚類	半	L–L	Czn
	キンメモドキ，テンジクダイ，ガマアンコウ	半	L–L	CypL
	マツカサウオ，チョウチンアンコウ，ヒカリキンメダイ	発光バクテリアと共生		

　a）**発光能力**　自：自力発光，半：半自力発光（他生物を捕食することによりルシフェリンを調達，ルシフェラーゼは自前）.

　b）**発光様式**　L–L：ルシフェリン-ルシフェラーゼ反応，PP：フォトプロテイン（アポタンパク質とセレンテラジン Czn），PP/O$_2$：フォトプロテイン（プレチャージ型）.

　c）**ルシフェリン**　Bacteria-L：バクテリアルシフェリン，HisL：発光キノコルシフェリン，DinL：渦鞭毛虫ルシフェリン，Czn：セレンテラジン，DipL：巨大ミミズ（*Diplocardia*）ルシフェリン，FriL：シベリア産ミミズ（*Friedericia*）ルシフェリン，CypL：ウミホタルルシフェリン，FL：ホタルルシフェリン，LL：ラチアルシフェリン，Czn-sulfate：セレンテラジン硫酸エステル.

4.2 発光生物は何のために光るのか

ホタルをはじめとする発光生物が何のために光を放つのか,古来より人々の好奇心をかき立ててきた.ホタルは種類により発光色調も明滅のパターンも異なり,今では雌雄の求愛と仲間どうしの交信がおもな目的と信じられている.ガ,コガネムシやアリなど多くの昆虫がフェロモン(揮発性の有機化合物)をコミュニケーションの手段とするのに対し,ホタルは発光がコミュニケーションの手段である.洞窟の暗闇で暮らすヒカリキノコバエの幼虫は光る粘液に集まる昆虫を捕食する.南米のヒカリコメツキは光に集まるハアリを捕食する.海の生物にもチョウチンアンコウのように発光を捕食の手段とするものがいる.

しかし海洋性の発光生物の多くは捕食者から姿を隠すために光を放つと考えられている.海面から降り注ぐ太陽光は赤橙黄緑青…と波長の長い光から順に吸収され,深海の中深層(200〜1000 m)では青色光がわずかに届くにすぎない.それより深いところは漆黒の闇である.中深層に棲むホタルイカ,ハダカイワシ,サクラエビやオキアミは腹側に発光器をもっていて青い光を放つ.こうして海面から届く弱い青い光の背景にとけ込み,下層の捕食者から見えないようにシルエットを

チョウチンアンコウ

ホタルイカ

消す．カウンターシェーディングあるいはカウンターイルミネーションといわれる手段である．一方，オオクチホシエソは他の深海魚には見えない赤色光を放つ．餌な

ハダカイワシ

どを探す自身だけの照明としていると考えられている．

海岸で見られるウミホタルは刺激すると光る粘液を出す．敵に対する威嚇か目くらましといわれている．ヤコウチュウなどの渦鞭毛虫類は一次捕食者に襲われ

ウミホタル

たときに光って，その捕食者を食べてくれる大型の二次捕食者の目を惹（ひ）き一次捕食者から逃れるという説があるが，どうであろうか．

発光キノコは光で虫をおびき寄せて虫に胞子を運ばせるといわれている．バクテリアの発光は生物の死骸で増殖して発光し，それに気づいた生物に食べられ糞として排泄されながら分布域を広げるという説がある．実際はキノコもバクテリアも有害な活性酸素の除去に伴い光を放っているだけかもしれない．

カウンターシェーディングが海洋性の発光生物の繁栄をもたらしているのは確かといえる．またホタルなどの昆虫がフェロモンに代わるコミュニケーション手段として発光を手にしているのも確かである．光で餌となる生物をおびき寄せるものもいる．一方，ヤコウチュウや発光キノコなどさまざまな生物の発光の目的についてそれぞれ説明がなされているが疑問も多い．「発光生物は自然淘汰と進化の中で生きのびてきたのであるから，"光る"ということには合

理的な理由があるに違いない」という考えがどうしても私たちにはあり，無理な説明を求める可能性がないとはいえない．

4.3 生物発光の化学

4.3.1 ルシフェリンとルシフェラーゼ

　生物による発光は酵素（ルシフェラーゼ，luciferase：Luc）の触媒作用により基質（ルシフェリン，luciferin：L）が酸素分子 O_2 あるいは過酸化水素（H_2O_2）やスーパーオキシドアニオン（$O_2^{\bullet-}$）などの活性酸素（reactive oxygen species：ROS）（コラム3参照）と反応して高エネルギー中間体を生成することによりひき起こされる．不安定な高エネルギー中間体はただちに分解して一重項励起状態のエミッター（発光体）を生成し，これが基底状態に戻るときに光を放つ．これら一連の反応は，図4.1に示すように，ルシフェラーゼのポケット内で起こる．

　ホタルなどのルシフェリンとルシフェラーゼは別個に取り出すことができ，両者を混ぜ合わせると発光する．このような発光反応をルシフェリン–ルシフェラーゼ（L–L）反応という（コラム4参照）．発光生物によってはルシフェリンとルシフェラーゼを分離すること

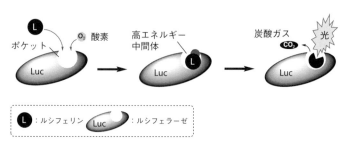

図 4.1　L–L 反応による生物発光の模式図

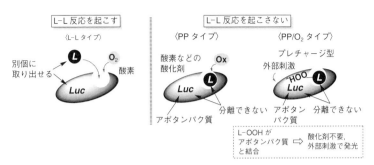

図 4.2　ルシフェリンとルシフェラーゼの存在形態

ができない．両者がどのような関係で存在するかによる発光様式にはL-Lタイプのほかに次のPPタイプとPP/O₂タイプがある（図4.2）．

〈PPタイプ〉　ルシフェリンとアポタンパク質[†]（ルシフェラーゼに相当）がフォトプロテイン（photoprotein：PP，発光タンパク質）とよばれるタンパク質複合体となったかたちで存在する．発光には酸素や過酸化水素などの酸化剤が必要である．

〈PP/O₂タイプ〉　ヒドロペルオキシ化されたルシフェリンL-OOHが水素結合を介してアポタンパク質と複合体を形づくっているフォトプロテインである．オワンクラゲのイクオリンが1つの例で，プレチャージ（充電済み）型のフォトプロテインである．発光にはあらためて酸化剤を必要としない．カルシウムイオンの結合などの外部刺激によるフォトプロテインの変形が発光の引き金となる．

　現在までにルシフェリンとルシフェラーゼについて調べられているおもな発光生物の発光様式をルシフェリンおよび発光能力（後

---

†　この記号のついている語については，章末の「用語の説明」参照．

30　第4章　生物の発光

コラム 3

活性酸素（ROS）

　われわれの身のまわりにある机，紙や綿くずなど可燃性の物質は一重項の基底状態にある．一方，われわれの生命維持に欠かせない酸素 O_2 は基底状態で三重項である．この一重項と三重項状態の違いのゆえに，燃えやすい紙や綿くず（一重項状態）でさえ，そのまますぐには酸素と反応しない．しかし O_2 は一電子還元されたり電子的に励起されると反応性の高い化学種に変化する．これは活性酸素（reactive oxygen species：ROS）といわれるもので，スーパーオキシドアニオン $O_2{}^{\bullet -}$，ヒドロペルオキシラジカル $HOO^{\bullet}$，ヒドロキシラジカル $HO^{\bullet}$，過酸化水素 H_2O_2，一重項酸素 ${}^1O_2$ などがある．

$$ {}^1O_2 \longleftrightarrow \quad O_2 \quad \xrightarrow{\ e\ } \quad O_2{}^{\bullet -} \quad \xrightarrow{\ H^+\ } $$

$$ HOO^{\bullet} \quad \xrightarrow[H^+]{\ e\ } \quad HOOH \quad \longrightarrow \quad HO^{\bullet} $$

　ヒトを含め好気性生物は生命維持のためミトコンドリアでたえず O_2 を消費しているが，その一部は代謝の過程で ROS になる．ROS は核酸，タンパク質，脂質などのさまざまな物質と反応し細胞に損傷を与える．これを防御するため各組織には ROS を除去するはたらきをするカタラーゼ，スーパーオキシドジスムターゼやペルオキシダーゼなどの抗酸化酵素がある．一方では，白血球などの好中球やマクロファージが体内の細菌などを攻撃し死滅させるとき ROS を使う．なお ROS は外部からの紫外線や放射線の照射によっても細胞内で発生する．

　ROS とりわけ $O_2{}^{\bullet -}$ や H_2O_2 は生物発光と化学発光において高エネルギー中間体の生成に深く関わっている．一重項酸素 ${}^1O_2$ は生物発光に直接関与することがあるかどうかは不明であるが，ジオキセタンの合成においてはきわめて重要である．図に示すように，${}^1O_2$ には ${}^1\Sigma$ と ${}^1\Delta$ の2つの一重項励起状態があるが，通常はエネルギーの低い ${}^1\Delta$ をさし，2つの等価な π^* 軌道のうちの一つに2個の電子が入っていてもう一つは空である．そのため ${}^1O_2$ は求電子試薬としてはたらき，電子豊富なアルケンや共役ジエンと容易に反応する．図に示

すように［2+2］環化付加によるジオキセタン生成反応, ［4+2］環化付加 (Diels-Alder付加) による1,4-エンドペルオキシドの生成反応とエン反応によるアリルヒドロペルオキシドの生成の3通りがある.

$^1O_2$ の発生法にはいくつかあるが, 簡便で多用されるのは色素増感法である. この方法では, 基質となるオレフィンを溶かした溶液に触媒量の色素（ローズベンガル, テトラフェニルポルフィンなど）を加え, 酸素雰囲気下で可視光を照射する. 光励起された色素により基底状態の $^3O_2$ が $^1O_2$ に励起される. 細胞や生物組織中で $^1O_2$ を発生させるときには1,4-エンドペルオキシドの逆Diels-Alder反応を利用する.

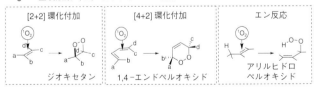

図　一重項酸素とアルケンおよび共役ジエンとの反応

32   第 4 章　生物の発光

述）とともに表 4.1 に示す．それではルシフェリンはどのような化学構造をしていて，生物はそれらをどのようにして手に入れているのだろうか？

4.3.2　ルシフェリンの化学構造と由来

　現在までに化学構造のわかっているルシフェリンは，図 4.3 に示すように，ホタルなどの陸生発光生物から 5 種類，ウミホタルやオワンクラゲなどの海棲発光生物から 5 種類，発光バクテリアから 1 種類の合計 11 種類である．発光生物の種類から比べると構造のわかっているルシフェリンの数があまりにも少ないと思われるに違いない．理由の 1 つには，発光生物の採集，ルシフェリンの抽出，分離精製，構造決定など研究の難しさがある．しかしおもな理由はどうやら生物界での大原則ともいうべき食物連鎖と共生が発光生物の世界でも深く関わっていることにある．発光生物には自力で発光するものよりむしろ「他人の手を借りる」種が多い．

　陸生の発光生物はすべて自力発光の種であって，進化の過程でそれぞれ独立に発光の能力を獲得したと考えられている．一方，海棲の発光生物，とりわけ魚類には共生発光の種が多い．さらに，ルシフェリンを自前で合成している "完全な自力発光" の種は意外にも少なく，自力発光に分類される生物の多くはルシフェリンを他の発光生物から食餌により獲得している．このようなタイプを新たに "半自力発光" とする考えがある．本書でもこれを採用し，生物の発光能力を，

(1) 自力発光（一次発光ともいう）：ルシフェリンとルシフェラーゼをともに自前で生合成している．

(2) 半自力発光：ルシフェリンを他の生物から獲得している．

(3) 共生発光（二次発光ともいう）：発光バクテリアを発光器官に

コラム 4

ルシフェリン-ルシフェラーゼ反応の発見

　生物による発光を科学的な視点で調べた最初の研究は17世紀の大科学者 Boyle による．Boyle はよく光る朽木の小片を装置に入れてその中の空気を真空ポンプで抜くと朽木の発光が止み空気を戻すとふたたび光り出すことから，朽木の発光には空気が必要なことを発見した（1667年：酸素はまだ発見されていない）．この朽木の発光がキノコ類の菌糸による発光とわかるまでに2世紀ほどかかっている．生物発光が確かな化学の視点で調べられるようになった原点は1885年に発表された Dubois の研究である．Dubois は発光昆虫ヒカリコメツキの発光器官をすり潰し，室温の水で抽出した液（A液）と熱水で抽出した液（B液）を混ぜ合わせると発光が起こることを見出した．A液には発光を起こさせる酵素タンパク質（ルシフェラーゼ）があり，B液に含まれる発光のもととなる物質（ルシフェリン）の発光反応を触媒するとした．ルシフェリン-ルシフェラーゼ反応（L-L反応）の発見である．L-L反応の発見は生物の発光が化学反応によることを明確に示す証拠となった．

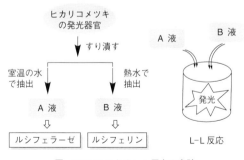

図　Dubois による L-L 反応の実験

第4章 生物の発光

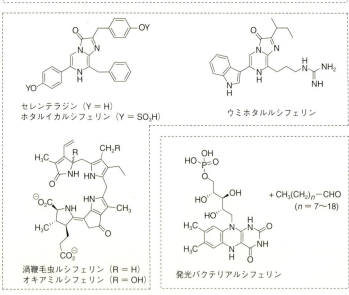

図 4.3 発光生物のルシフェリン

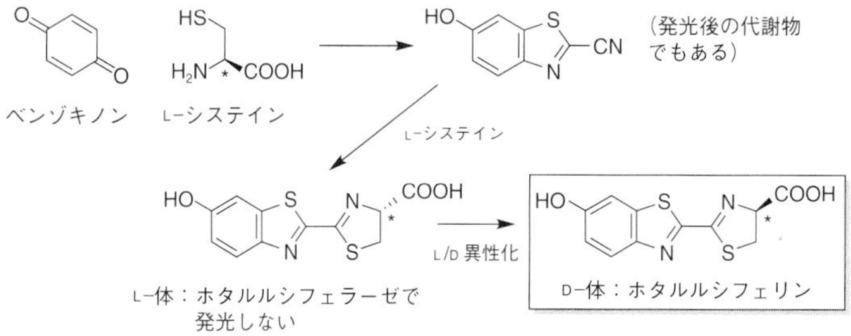

4.3 生物発光の化学 35

図4.4 ホタルルシフェリンの生合成

　棲まわせてその発光を利用する.
に分けて表4.1に示す. なお, ルシフェラーゼは共生発光以外のあ
らゆる発光生物がそれぞれ自前でもっている.
　資源量(あるいは個体数)から推定すると発光生物の大部分は深
海の中深層に棲んでいて, その多くはカウンターシェーディングの
ために発光する. これら発光生物のほとんどが食物連鎖の中でルシ
フェリンを獲得しているのは, 複雑に見える自然の驚くべき合理性
であろう. またルシフェリンは生命の維持に必要なありふれたアミ
ノ酸, 光合成に必須のクロロフィル, あるいは菌類や植物の生産す
るテルペン類を加工したような構造をしている.
　ホタルのルシフェリンはベンゾキノンと2分子のL-システイン
より生合成される(図4.4). 最初に生成するホタルルシフェリン
のL-異性体はホタルルシフェラーゼに対して不活性であるが, 生
体内で活性なD-体に異性化される. ホタルの遠縁にあたるヒカリ
コメツキもホタルルシフェリンをもっている. 進化の過程でホタル
とは独立にそれを手に入れたといわれるが, 十分にはわかっていな
い. ただ, ホタルもヒカリコメツキもルシフェラーゼについては脂
肪酸Co-A合成酵素から進化したと考えられている.

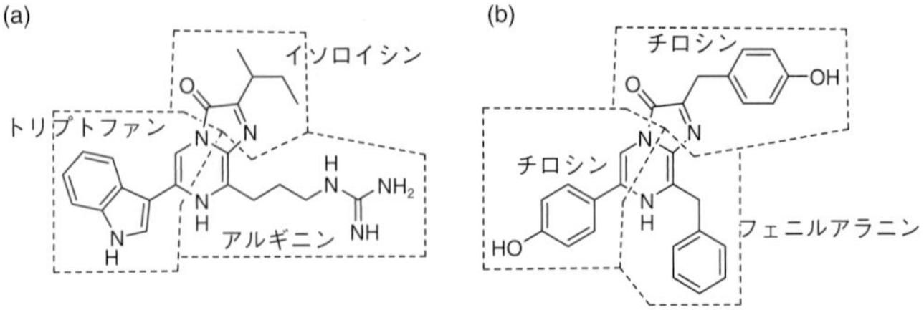

36 第4章 生物の発光

図4.5 アミノ酸を原料とするウミホタルルシフェリン(a)とセレンテラジン(b)

　ウミホタルルシフェリンはトリプトファン，アルギニン，イソロイシンという3つのアミノ酸あるいはその誘導体が組み合わさった構造をしている（図4.5a）．これらのアミノ酸がウミホタルルシフェリン合成の材料であることが明らかになっているが，その生合成経路は不明である．ウミホタルルシフェリンを発光基質とする魚類はウミホタルを捕食しているのであろう．

　セレンテラジンは2分子のチロシンとフェニルアラニンが組み合わさった構造をしているが，生合成経路はやはりわかっていない（図4.5b）．セレンテラジンはクラゲやイソギンチャクなどの腔腸動物（刺胞動物と有櫛動物）をさすセレンテレート（coelentrate）のルシフェリンという意味で名づけられた．しかし腔腸動物だけでなくハダカイワシをはじめ深海の中深層に棲む多くの魚類や節足動物，軟体動物がセレンテラジンのL-L反応で発光する．表4.1に示したように，セレンテラジンを基質とする発光生物はきわめて多く，そのほとんどは半自力発光である．それではセレンテラジンをめぐる食物連鎖の最上流にいるのは何か？　コペポーダ（カイアシ類）は海の表層から中深層そして海底まで広く分布しクラゲや魚類の食餌となる重要な動物性プランクトンであって，セレンテラジンの有力な供給者と考えられている．なおセレンテラジンはニシンな

ど発光しない魚類の肝臓などにも大量に含まれており,食物連鎖により動物間を移動する物質であることがわかる.

発光性の渦鞭毛虫類やそれらと生息域の重なるオキアミのルシフェリンは光合成に必要なクロロフィル α

コペポーダ

の代謝産物である(図4.6).ラチアルシフェリンはビタミンAの部分構造と類似したテルペン様の化合物である(図4.3).キノコルシフェリンは食用となるエノキタケなど他のキノコやシダ類にも含まれるヒスピジンのヒドロキシ体である.発光バクテリアは生命維持活動に必要な酸化還元酵素の補因子であるフラビンモノヌクレ

図4.6 クロロフィル α から渦鞭毛虫ルシフェリンとオキアミルシフェリンへ

38   第4章　生物の発光

オチド（FMN）の還元体と脂肪族アルデヒドをルシフェリンとして活用している（後述）.

4.3.3　生物発光のメカニズム

　生物の発光にはホタル，ウミホタルやオワンクラゲのように四員環ペルオキシドであるジオキセタンを発光の高エネルギー中間体とするもの，光バクテリアのように鎖状のペルオキシドを高エネルギー中間体とするもの，そして発光キノコのように六員環ペルオキシドである 1,2-ジオキシンを高エネルギー中間体とするものがある．ただ，渦鞭毛虫やオキアミについては高エネルギー中間体も発光メカニズムもほとんどわかっていない.

a.　ホタルの L–L 反応

　ホタルの発光はマグネシウムイオン（Mg^{2+}）と ATP[†]（アデノシン三リン酸）を補因子とする L–L 反応である．図 4.7 に示すように，ルシフェラーゼ FLuc の触媒作用によりルシフェリン **1** は O_2 と反応して高エネルギー中間体であるジオキセタノン **2** に変換される．**2** は CO_2 を放ちながら即座に分解して一重項励起オキシルシフェリン **3*** となり発光する.

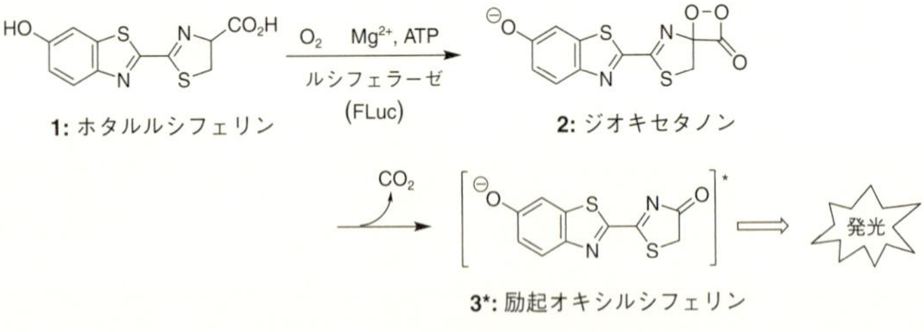

図 4.7　ホタルの発光メカニズム

4.3 生物発光の化学　*39*

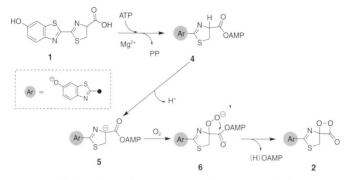

図 4.8　ホタルルシフェリンからのジオキセタノン生成

補因子 ATP はルシフェリン **1** がジオキセタノン **2** に変換されるときに **1** の活性化に必要であって，反応は次のように進む（図 4.8）．
(1) Mg^{2+} の存在下において **1** が ATP と反応し AMP（アデノシン一リン酸）と結合した混合酸無水物 **4** を生成する．
(2) **4** ではカルボキシ基の α-位 C–H が活性化されていて，FLuc のポケットにあるヒスチジン残基によりプロトンが引き抜かれアニオン **5** を生成する．**5** に酸素 O_2 が付加してペルオキシアニオン **6** を生成する．**6** の $O–O^-$ が活性化されたカルボキシ炭素を分子内で求核攻撃してジオキセタノン **2** を与える．

なお，**1**，そしてジオキセタノン中間体 **2** および **3***（図 4.7）のフェノール性ヒドロキシ基はルシフェラーゼのポケットにある塩基性アミノ酸（アルギニン）部位との相互作用によりフェノキシアニオン型になっている．ジオキセタノン **2** はフェノキシアニオン部位から O–O への分子内電荷移動に起因する CIEEL（chemically initiated electron exchange luminescence）メカニズムにより高効率

コラム 5

電気化学発光と CIEEL

ジフェニルアントラセンやルブレンなどの多環式芳香族化合物 ArH を支持電解質とともにアセトニトリルのような非プロトン性極性溶媒に溶かし，十分に脱気をしてから電気を通じる．陰極で ArH が一電子還元されラジカルアニオン ArH$^{\cdot-}$ が生成する．ArH$^{\cdot-}$ が消失しないうちに急激に極性を反転させると，もとの陰極が陽極になり，ここで ArH が一電子酸化されるとラジカルカチオン ArH$^{\cdot+}$ が生成する．このような操作を繰り返し行うと ArH$^{\cdot-}$ と ArH$^{\cdot+}$ の間で電子移動反応が起こり発光する．これが電気化学発光であって，一連の反応を式にまとめると次のようになる．

（一電子還元）　　ArH ＋ e ⟶ ArH$^{\cdot-}$
（一電子酸化）　　ArH ⟶ ArH$^{\cdot+}$ ＋ e
（化学励起過程）　ArH$^{\cdot-}$ ＋ ArH$^{\cdot+}$ ⟶ ArH* ＋ ArH
（発光過程）　　　ArH* ⟶ ArH ＋ 光

分子軌道を使った模式図（図1）で示すと，この化学励起過程では（Case A）ArH$^{\cdot-}$ の π* にある電子が ArH$^{\cdot+}$ の π* に移るか，（Case B）ArH$^{\cdot-}$ の π にある電子が ArH$^{\cdot+}$ の π に移れば励起状態の ArH* が生成する．

このような電子のやり取りが組み込まれたペルオキシドの分解により化学発光が起こるということを Schuster らが 1977 年に発表した．図2に示すジフェノイルペルオキシド **1** は熱によって分解しベンゾクマリン **2** と CO_2 を生成す

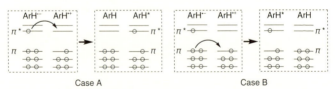

図1　ラジカルアニオンとラジカルカチオンの反応による化学励起

る．このとき**2**は励起状態になるのに十分なエネルギーを獲得しうるが実際は発光しない．ところが，図2に示すように，**1**を熱分解するときジフェニルアントラセン（DPA）のような酸化電位の低い（酸化されやすい）芳香族化合物 ArH を加えると，**1**の分解が促進されるだけでなく ArH からの発光が起こる．この発光は励起ベンゾクマリン **2*** からの ArH へのエネルギー移動によるものではない．Schuster らは先に述べた電気化学発光での励起過程を組み込んだ CIEEL（chemically initiated electron exchange luminescence：化学的にひき起こされる電子交換発光）というメカニズムを提案した．その仕組みは次のようになっている．

(1) ペルオキシド**1**が ArH から電子を受け取りラジカルアニオン**3**とラジカルカチオン ArH$^{•+}$の対が生成する．

(2) 不安定になった**3**は CO_2 を放出してベンゾクマリンのラジカルアニオン**4**になる．

(3) ArH$^{•+}$と**4**とのラジカルイオン対が消滅するとき，**4**から ArH$^{•+}$に逆電子移動が起こり，励起分子 ArH*が生成する．**4**は基底状態のベンゾクマリン**2**になる．

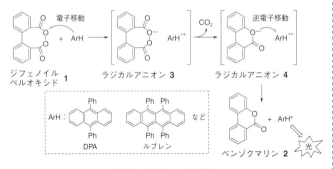

図2　CIEEL メカニズム

42 第4章 生物の発光

で **3***を生成するとされている（コラム5と第6章を参照のこと）.

b. ホタルの発光色調変調メカニズム

　世界中のホタル，その遠縁の発光昆虫ヒカリコメツキや鉄道虫は
すべてホタルルシフェリンを発光基質としている．いずれの場合も
L-L反応により生成するエミッター（発光体）は一重項励起オキシ
ルシフェリン **3*** であるにもかかわらず，種類によって緑色〜赤色
（530〜620 nm）の色調の異なる光を放つ．一方，ルシフェラーゼ
は発光甲虫間の相同性は高いもののアミノ酸配列が少しずつ異な
る．これは極性や水素結合能といったルシフェラーゼのポケットの
雰囲気が，程度の違いはあれ発光甲虫の種類により異なることを示
唆している．ポケットの雰囲気はそこに収まるエミッターの励起オ
キシルシフェリン **3*** にさまざまな影響を及ぼす．

　オキシルシフェリン **3** はヒドロキシベンゾチアゾール環とチア
ゾロン環が結合した化合物で2つの環は安定な状態（ケト型）では
同一平面にあり，弱酸性のフェノール性ヒドロキシ基からカルボニ
ル基まで分子全体に広がったπ共役系を形づくっている（図4.9）.
しかし2つの環は励起状態では平面性を保たず"ねじれたケト型"
になりうる（理論計算では可能性が低いとされている）．また，チ
アゾロン環のカルボニル基はエノール/ケト型の互変異性をしやす
い．このような構造的特徴からホタルの発光色調変調にはさまざま
な説明がなされてきている．しかし今では次のような説が有力であ
る（図4.9）．励起オキシルシフェリン **3*** のフェノキシド部位がル
シフェラーゼのポケットにある塩基部位と接触イオン対をつくり，
極性の低い環境にいるときには黄緑色（560 nm）の発光が見られ，
極性の環境にいるときには **3*** が遊離のフェノキシドアニオンとな
り，赤色（620 nm）の発光が見られる．このようにフェノキシド

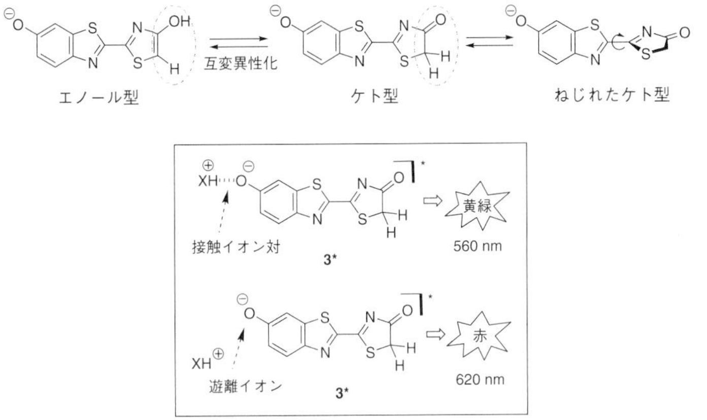

図4.9 オキシルシフェリンによるホタルの発光色調変調メカニズム

アニオンの解離の程度により発光色調が変わる。発光系の pH が発光色調に影響することも知られているが，ルシフェラーゼタンパク質の変形を通した効果かもしれない。

c. ホタルの発光の明滅メカニズム

ホタルは発光色調と光の明滅のパターンで種どうしのコミュニケーションをとっている。たとえばゲンジボタルは東日本ではおおよそ4秒間隔で，西日本では2秒間隔で黄緑色の光を明滅させ，ヘイケボタルは5秒で10回ほどのフラッシュ型の黄色光を明滅させる。

昆虫の呼吸は体表面から体内の組織の隅ずみまで行きわたる気管とその先の気管小枝によっている。ホタルの発光器にも気管小枝が入り組んでいて，古くは光の明滅は脳からの指令で発光器に広がる気管の開閉により空気の供給を加減することによると考えられてい

44 第4章 生物の発光

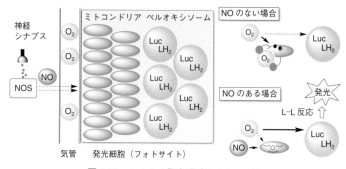

図 4.10 ホタルの発光明滅のメカニズム

た.しかし気管（および気管小枝）は秒単位で応答するような組織ではなく，発光の明滅は一酸化窒素 NO により制御されると今では説明されている.

模式図,図 4.10 に示すように，ホタルの発光細胞（フォトサイト）層には気管が入り込んでいるが，神経の末端はその手前で止まっている.発光細胞の気管に接する部位にはミトコンドリアがびっしりと配置されていて，ルシフェリンとルシフェラーゼの入ったペルオキシソーム（さまざまな物質の酸化を行う細胞小器官）はその奥に収納されている.何ごともなければ気管からの O_2 はミトコンドリアの呼吸に使われてペルオキシソームにまで届かず，L–L 反応は起こらない.

脳からの神経シグナルが発光器に届くと発光細胞の近くにある細胞の NO 合成酵素（NOS）がはたらくように指令が出される.NOSにより産生された NO はただちに発光細胞にまで拡散してミトコンドリアの呼吸を一時的に止める.ミトコンドリアで消費されなかった O_2 はペルオキシソームに到達する.こうして O_2 を供給されたペルオキシソームでは L–L 反応が開始され，発光する.NO が減少

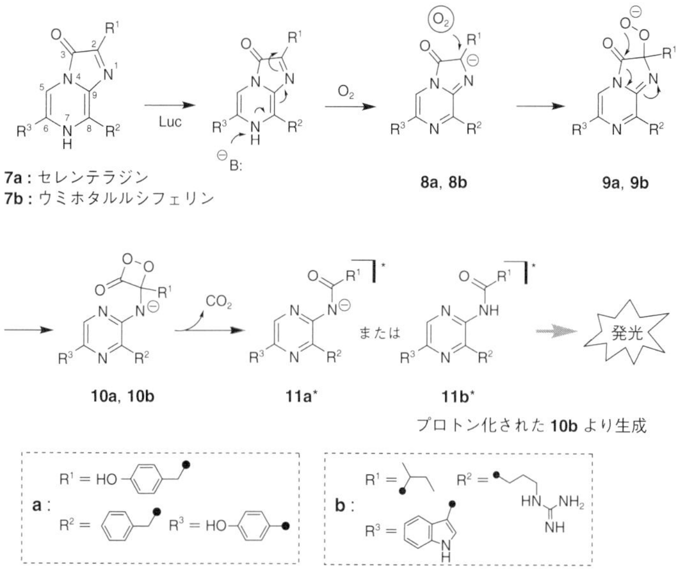

7a : セレンテラジン
7b : ウミホタルルシフェリン

図 4.11　セレンテラジンおよびウミホタルルシフェリンの L–L 反応

すればミトコンドリアが呼吸を始め，ペルオキシソームへの O_2 の供給が減り発光が止む．

d.　セレンテラジンとウミホタルルシフェリンの L–L 反応

　セレンテラジン **7a** とウミホタル（シプリジナ：*Cypridina*）ルシフェリン **7b** はどちらも発光の根幹となる骨格としてイミダゾピラジノン構造をもつ（図 4.11）．イミダゾピラジノンの 2-位炭素は 7-位 NH からの共役系と 3-位カルボニルにより活性化されていて，3-位カルボニルも活性アミドとなっている．O_2 の付加からジオキセタン環への閉環まで，まさに「発光をするために自然の作り上げ

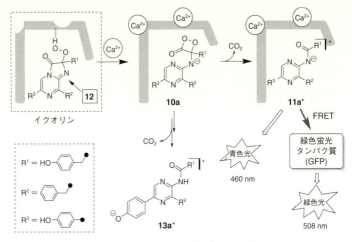

図 4.12 オワンクラゲの発光メカニズム

た」きわめて効率的な構造をしている。これらの発光反応は ATP や金属イオンなどの補因子を必要としない。

セレンテラジン **7a** やウミホタルルシフェリン **7b** を基質とする L–L 反応は共通するところが多く、図 4.11 に示すように進む。

(1) 基質 **7** はピラジン環 7–位 NH の脱プロトン化によりアニオン **8** となり、O_2 と反応してペルオキシアニオン **9** を生成する。

(2) **9** の OO⁻ が分子内でカルボニルを攻撃するとジオキセタノン（アニオン型）**10** が生成する。

(3) セレンテラジン **7a** の場合には、**10a** が CO_2 を放出して分解し、一重項励起セレンテラミド（アニオン型）**11a*** を生成して発光する。なお、発光生物の種類によっては、**11a*** ではなくフェノキシアニオン体（図 4.12 中の **13a***）がエミッターとなる。

(4) 一方、ウミホタルの場合には、**10b** がプロトン化され中性型と

4.3 生物発光の化学 *47*

コラム 6

ホタルルシフェラーゼ, イクオリンと GFP の
結晶の三次元構造

　1990 年代半ばから 2005 年ころまでに発光バクテリア, ホタル, 渦
鞭毛虫などのルシフェラーゼやイクオリン, オベリンの発光タンパク
質, そして GFP（緑色蛍光タンパク質）の結晶 X 線構造解析が行われ,
これらの三次元構造が明らかになった. 口絵 2 にホタルルシフェラー
ゼ, イクオリンおよび GFP の三次元構造を示す.

なったのち分解し, 一重項励起オキシルシフェリン（中性型）
11b* を生成し発光する.

e. オワンクラゲの発光メカニズム

　オワンクラゲもセレンテラジンを発光基質とするが, 発光は L–L
反応でなくイクオリンとよばれるフォトプロテインによる. イクオ
リンはアポイクオリンのポケットにセレンテラジンの 2–ヒドロペ
ルオキシド体 **12** が水素結合によりしっかりと組み込まれた複合タ
ンパク質である（図 4.12）（コラム 6 参照）. イクオリンの外部に
Ca^{2+} が結合するとイクオリンが変形する. その結果, ポケット内
の **12** は不安定化し, 閉環してジオキセタノン **10a** となる. これが
ただちに分解, 励起セレンテラミド（*N*–アニオン型）**11a*** を生成
し発光するとされている. ただ, エミッターをフェノキシアニオン
型 **13a*** とする考えが最近では有力となっている.

　オワンクラゲは最大発光波長 508 nm の緑色光を放つ. 一方, オ
ワンクラゲから取り出したイクオリンは Ca^{2+} によって最大発光波
長 460 nm の **11a***（**13a***）をエミッターとする青い光を発する.

コラム 7

FRET とタンパク質間相互作用の観測

励起分子 D（ドナー）のエネルギーが他の分子 A（アクセプター）に移動し，A の励起状態を生じる現象をエネルギー移動という．エネルギー移動には励起状態の D* からの発光を A が吸収する放射エネルギー移動と D* の発光を伴わない無放射エネルギー移動がある．無放射エネルギー移動には D* と A の電気双極子間の Coulomb 相互作用による共鳴エネルギー移動（resonance energy transfer：RET）（Förster 機構）と交換相互作用による Dexter 機構がある（図 1）．

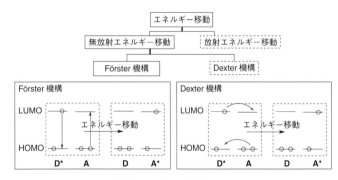

図 1　励起エネルギーの移動

Förster 機構によるエネルギー移動は FRET（Förster resonance energy transfer, フェルスター共鳴エネルギー移動）といわれる．FRET でのエネルギー移動速度は $k_{en}(r)=(1/\tau_D)(R_0/r)$（$r$：D と A の距離，$\tau_D$：D の蛍光寿命，$R_0$：Förster 半径）と表され $R_0=2\sim6$ nm にもなることから，FRET は長距離でも可能である．なお，Dexter 機構は van del Waals 半径程度の短距離で作用し，ま

た三重項エネルギー移動は Dexter 機構による.

　FRET という略語は flourescence resonace energy transfer（蛍光共鳴エネルギー移動）の意味で使われることも多い. この場合には D* の生成は光照射による. これに対し BRET（bioluminescence resonance energy transfer, 生物発光共鳴エネルギー移動）という用語があり, BRET では生物発光における化学励起により D* が生成する. 蛍光による RET も生物発光による RET も Förster 機構による.

　FRET は長距離の D と A の間でも起こることに加え, D と A の配向の影響を大きく受ける. この特質を利用してタンパク質間の相互作用を発光の変化として観測できる. その一例を図 2 に示す. タンパク質 X には YFP（黄色蛍光タンパク質）を結合させ, タンパク質 Y にはレニラルシフェラーゼ（RLuc）を結合させておく. タンパク質 X がタンパク質 Y と相互作用していない状態でセレンテラジンを加えると RLuc のはたらきで青色光（λ_{max}＝480 nm）が観られる. 一方, タンパク質 X と Y が相互作用し, RLuc と YFP が接近すると RLuc/セレンテラジンの化学励起エネルギーが FRET により YFP に移り, YFP* からの黄色発光（λ_{max}＝530 nm）が起こる. フィルターを通して 2 色の光の強度を調べれば, タンパク質 X と Y の相互作用がわかる.

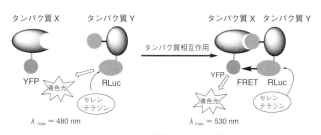

図 2　タンパク質間相互作用の観測

オワンクラゲの発光組織中ではイクオリンは緑色蛍光タンパク質（green fluorescent protein：GFP）と複合体を形成していて，**11a***（**13a***）から GFP に共鳴エネルギー移動（Förster resonance energy transfer：FRET）し，励起 GFP が緑色の光を放つ（コラム 7 参照）．

f. ラチアやミミズの発光メカニズム

ラチアは黄緑色（$\lambda_{max}=536$ nm）に発光する粘液を吐き出す．ラチアルシフェリン **14** はエノールのギ酸エステルであって L–L 反応でジオキセタン **15** を生成すると考えられているが，メカニズムはわかっていない（図 4.13）．ジオキセタン **15** は分解すると励起状態にある飽和ケトン **16*** を与えるが蛍光性ではないのでエミッターとならない．おそらく **16*** からルシフェラーゼ中にあるフルオロフォア（発蛍光団）への FRET による．

世界中には 15 種ほどの発光ミミズが知られているが，そのうち米国ジョージア産の巨大ミミズとシベリア産の小さなミミズの発光メカニズムが知られている（図 4.13）．同じミミズでも両者の発光メカニズムは著しく異なる．生物は進化の過程で独立に発光能力を獲得するチャンスがいく度（30 回以上）もあったとされる一つの証であるかもしれない．

巨大ミミズのルシフェリン **17** は簡単な構造のアルデヒドであって，H_2O_2 の付加によりペルオキシヘミアセタール **18** を生成する．これが分解し，励起状態のアミノカルボン酸 **19*** を与えるとされている．**19** には蛍光性がないので，ラチアの場合と同様にルシフェラーゼ中にあるフルオロフォアへの FRET による発光が起こるのであろう．

シベリア産ミミズルシフェリン **20** は α–アミノ酸の N 末端に複

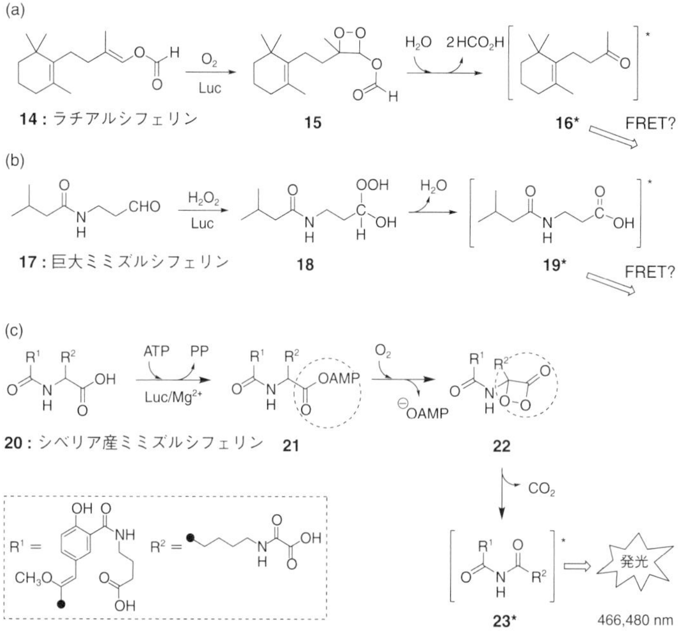

図 4.13 ラチア (a) やミミズ (b, c) の発光メカニズム

雑なケイ皮酸誘導体がアミド結合した構造をしている. 図 4.13 に示すように, ホタルの発光と同じく ATP と Mg^{2+} を補因子とする. ATP と反応してまず混合酸無水物 **21** となる. 活性化された **21** は O_2 付加と引き続く分子内閉環によりジオキセタノン **22** を生成し, ただちに分解して一重項励起オキシルシフェリン **23*** を与え発光する.

g. バクテリアの発光メカニズム

発光バクテリアはフラビンモノヌクレオチド (FMN) と脂肪酸

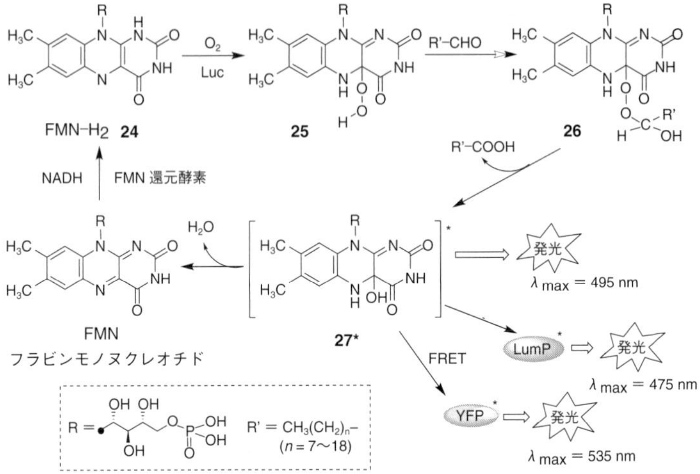

52   第 4 章　生物の発光

図 4.14　バクテリアの発光メカニズム

アルデヒドを生命維持活動に必要な酸化還元系に巧みに組み込んで
発光反応を起こさせている（図 4.14）．まず FMN は FMN 還元酵素
の触媒作用で NADH[†] により還元されて FMN-H$_2$ **24** になる．**24** は
酸素酸化されヒドロペルオキシド **25** を生成する．**25** は長鎖脂肪族
アルデヒドとペルオキシヘミアセタール **26** を生成し，分解により
エミッター **27*** を与える．発光バクテリアによっては，**27*** が光
（青緑色光：λ_{max}＝495 nm）を放つ場合と **27*** から発光反応に介在
する蛍光タンパク質，ルマジンタンパク質（LumP）や黄色蛍光タ
ンパク質（YFP）にエネルギー移動が起こり LumP（青色光：λ_{max}
＝475 nm）や YFP（黄色光：λ_{max}＝535 nm）が発光する場合があ
る．

　励起エネルギーを失って基底状態に落ちた **27** からは H$_2$O が脱離
し FMN が再生する．ペルオキシヘミアセタール **26** がカルボン酸

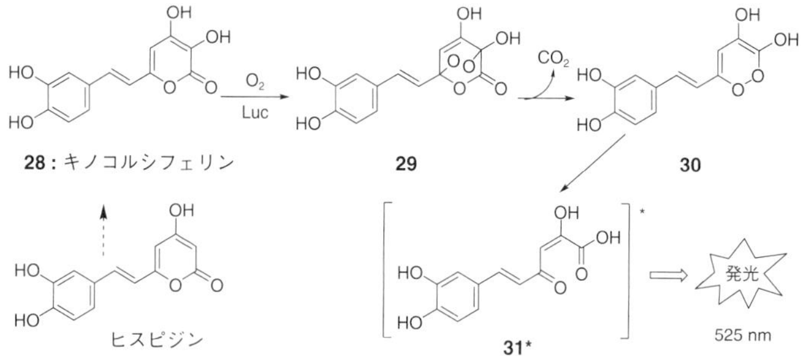

図 4.15　キノコの発光メカニズム

とアルコールに変化する反応は Baeyer-Villiger（バイヤー・ビリガー）反応（コラム 8 参照）として知られているほか，O−O のラジカル開裂によっても起こる．バクテリアの発光は，ルシフェリンを蓄えることなく発光に必要な分だけ供給する仕組みになっていることが大きな特徴である．なお発光バクテリアは菌体濃度が低いときには発光せず，増殖に伴い菌体濃度が上昇すると発光するようになる（コラム 9 参照）．

h. キノコの発光メカニズム

　キノコルシフェリン **28** は発光しないキノコの多くももっているヒスピジンのモノヒドロキシ化で生成する化合物である（図 4.15）．提示されている発光のメカニズムではピロン環に O_2 が Diels-Alder 付加して双環性エンド過酸化物 **29** を生成する．**29** は逆 Diels-Alder 反応により CO_2 を放出して 1,2-ジオキシン **30** を与える（コラム 8 参照）．これは即座に開環し一重項励起オキシルシフェリン **31*** を生成し発光する．

54 第4章 生物の発光

┌─ コラム 8 ─────────────────────────────────

逆 Diels-Alder 反応と Baeyer-Villiger 反応

〈Diels-Alder 反応と逆 Diels-Alder 反応〉 Diels-Alder 反応は共役ジエン（4π 電子系）**1** と置換アルケン（2π 電子系）**2** の ［4＋2］環化付加反応によるシクロヘキセン環 **3** の生成反応である．反応はジエンとアルケンの 6π 電子が環状に配列した遷移状態を経て協奏的に起こる．アルケンの代わりに $^1O_2$ やジアゾ化合物がジエンに付加する反応も起こり，これらはヘテロ Diels-Alder 反応とよばれる．シクロヘキセン誘導体を加熱すると逆に共役ジエンと置換アルケンに分解する．このような反応を逆 Diels-Alder 反応という．

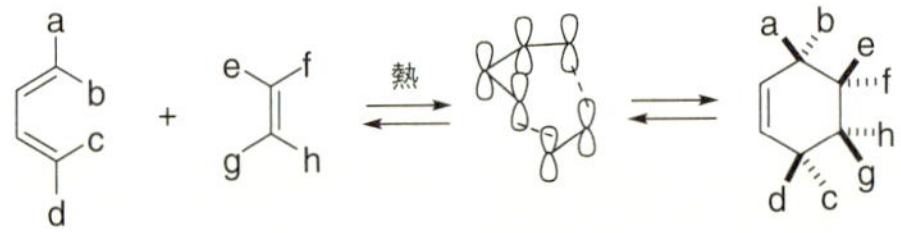

図1 Diels-Alder 反応と逆 Diels-Alder 反応

└───

4.4 生物発光の利用

　20 世紀後半からのバイオテクノロジーの著しい進歩により今日ではさまざまな生物の遺伝子をクローン化しリコンビナントタンパク質†を大量に作り出し，変異体を生み出すことが可能になっている．また酵素などのタンパク質を生物体内で発現させる遺伝子改変も行われている．ホタルなど発光生物のルシフェラーゼについても例外ではない．ちなみにクローン化により作り出されている天然型のルシフェラーゼはホタル科（*Lampyridae*）で 20 種，コメツキムシ科（*Elateridae*）で 13 種，鉄道虫などグローワーム（*Phengodidae*）の仲間で 3 種が知られている．そのほかセレンテラジンを

4.4 生物発光の利用 55

〈Baeyer-Villiger 反応〉　ケトンやアルデヒド（R¹＝H）**4** は過酸 **5** により酸化されエステルやカルボン酸 **6** を生成する．反応では過酸のカルボニル **4** への付加によるペルオキシヘミアセタール **7** の生成とそれに引き続く転位が起こる．過酸の代わりにヒドロペルオキシド **8** を用いても酸触媒によりペルオキシヘミアセタール **9** を経由して反応が進む．

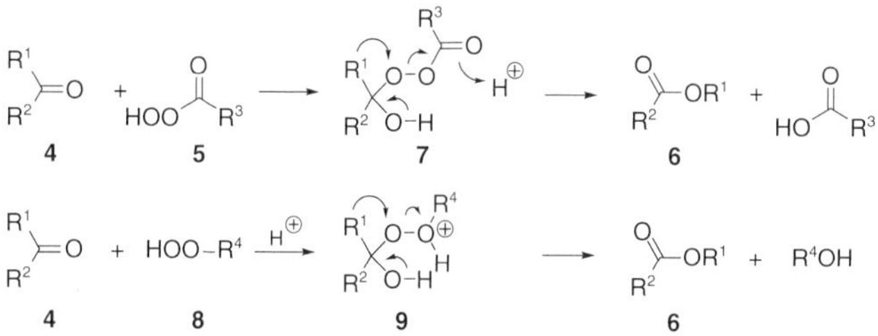

図2　Baeyer-Villger 反応

基質とする発光生物のルシフェラーゼ，ウミホタルや発光細菌のルシフェラーゼ，そしてイクオリンをはじめとするフォトプロテインもクローン化されている．このような背景にあって生物発光が医療衛生，分子生物学をはじめ生命科学の分野で盛んに利用されるようになっている．

　生物発光の利用はその仕組みによって次の3つに大別される．

(1) 発光反応に必須の補因子となる化学種の測定：甲虫の発光を利用した ATP の検出・定量やイクオリンの発光を利用した細胞内 Ca^{2+} 濃度の測定がある．

(2) 酵素の測定：保護基でマスクされたルシフェリン pro-LH₂（プロルシフェリン）をエステラーゼなどの酵素により脱保護す

56 第4章　生物の発光

コラム 9

発光バクテリアのコミュニケーション
－クオラムセンシング－

　バクテリアはてんでばらばらに生きているわけではなく，バクテリア間でコミュニケーションをとりながら集団として生育し力を発揮する．発光バクテリアにも見られるクオラムセンシング（quorum sensing）とよばれる現象である．なお，"quorum" は議会での採決に必要な定足数を意味する言葉である．

　発光バクテリアを培養すると，菌体濃度が低いうちはほとんど発光せず，増殖に伴い菌体濃度が上昇すると発光するようになり，さらに菌体が増えると突然に明るく発光するようになる．バクテリアが作り出すオートインデューサー（自己誘因因子）**AI** とよばれる低分子化合物の濃度がある臨界に達すると発光がひき起こされる．発光バクテリアの **AI** として図1の **1** が *Vibrio fischeri* から，そして **2** が *Vibrio harveyi* から発見されている．

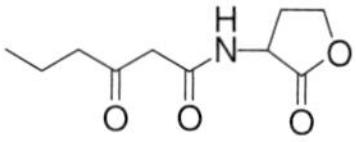

1　*V. fischeri* 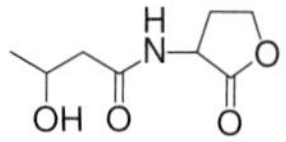　　　**2**　*V. harveyi*

図1　発光バクテリアのオートインデューサー

　AI は発光バクテリアのルシフェラーゼなど発光系タンパク質の生産を誘導し発光が起こる．*V. fischeri* の *lux*（発光）遺伝子は，図2のように，ルシフェラーゼをコードする *lux A* と *lux B*，長鎖アルデヒド合成酵素をコードする *lux C*，*luxD*，*lux E*，FMN 還元酵素をコードする *lux G*，そして制御部分 *lux I* と *lux R* を備えている．*lux I* は **AI** の合成酵素をコードし，*lux R* は制御タンパク質をコードしている．**AI** は制御タンパク質と結合すると *lux* 遺伝子の転写を活性化する．

菌体濃度が低いときには**AI**の濃度が低く，*lux*遺伝子の転写レベルが低いので発光に必要なルシフェラーゼなどのタンパク質の生産が抑えられ発光量が少なく，加えて**AI**の産生も低レベルである．一方，菌体濃度が高く**AI**の産生が盛んなときには，転写レベルが高くなり発光量が多くなる．

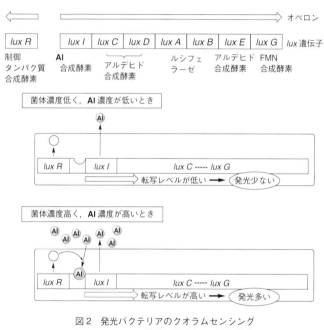

図2　発光バクテリアのクオラムセンシング
オペロン：一つの形質を発現させる遺伝単位．

58   第4章　生物の発光

る．生成するルシフェリン LH₂ の L-L 反応による発光の観測
を通して脱保護に用いた酵素の活性を測定する．

(3) ルシフェラーゼ Luc をレポータータンパク質とする解析：解
析したいプロモーターなどの転写調節領域の下流にルシフェ
ラーゼ遺伝子を挿入したレポーターベクター[†]を細胞に導入
し，転写に伴って発現する Luc の活性をルシフェリンの添加
による発光で観測する．今日ではバイオセンシング[†]やバイオ
イメージング[†]技術として盛んに利用されている．

　発光反応が利用されている生物はホタルなどの発光甲虫，セレン
テラジンを基質とする生物のうちウミシイタケ（Renilla），発光エ
ビ，コペポーダ，そしてウミホタル，オワンクラゲや発光バクテリ
アである．今日では変異体を含めてさまざまなルシフェラーゼそし
て遺伝子発現のキットも市販されている．生物発光の生命科学での
利用についてはいろいろな解説書や専門書があるので，本書では上
記（1）〜（3）の例となる発光反応の利用についていくつかを紹介
するにとどめる．

4.4.1　ホタルなど発光甲虫の L-L 反応の利用

a．ATP の分析

　ホタルなど甲虫の発光は補因子の一つとして ATP を必要とする．
ATP はあらゆる生物の細胞中でのエネルギーキャリヤーであって，
ホタルの L-L 反応を利用すれば細菌など ATP をもつものを分析で
きる．ATP 分析は食品の衛生管理や病院での院内感染防止対策な
どに使われる．また，ATP のほとんどがミトコンドリアにより合
成されることから，薬物療法のためのがん細胞の薬物感受性テスト
に利用し，細胞の老化を調べる試みもなされている．

b. 酵素活性アッセイ

　ホタルルシフェリンのカルボキシ基やフェノール性OH基をアミド，エステルやアセタールとして保護すると，ホタルルシフェラーゼに対し不活性となる．図4.16に示すように，保護されたルシフェリン pro-LH₂ を特異的に加水分解する酵素によりルシフェリン LH₂ とし，ホタルルシフェリン FLuc により発光させる．発光により pro-LH₂ → LH₂ を触媒する酵素の活性を測定できる．図4.16にフェノール性OH を β-ガラクトースで保護した pro-LH₂ **32** を β-ガラクトシダーゼにより加水分解して LH₂ を発生させる方法と，カルボン酸部位をグルタミン酸で保護した pro-LH₂ **33** をカルボキシペプチダーゼにより加水分解し LH₂ を発生させる方法を例示する．

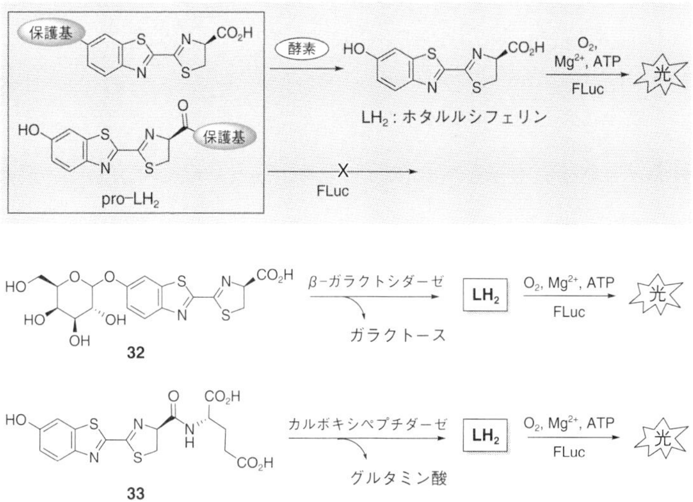

図 4.16　酵素活性アッセイ

C. バイオイメージング

ホタルなど甲虫の発光の特徴は効率が高いことに加えて，同一のルシフェリン LH_2 を基質としながら黄緑色から赤色までの発光色調変化がホタルルシフェラーゼ FLuc の違いや pH の変化により起こることにある．また，細胞内でのルシフェリンの安定性がセレンテラジンやウミホタルルシフェリンなどに比べて優れていることも大きなメリットとなっている．このようなホタルなど甲虫の発光反応はバイオイメージングにおいて蛍光法では難しい観測を可能にしている．なかでも赤色（長波長）光は生体の窓†を通りやすいことから，赤色光さらには近赤外光を放射する L–L システムの構築など，バイオイメージング技術への応用を目指す研究が盛んである．

ホタルなど甲虫の L–L 反応をバイオイメージングに応用するには，(A) ルシフェリン LH_2 そのものを用いて発光色調の変わる FLuc を用いる方法と，(B) LH_2 類縁体を合成し，これを FLuc の基質として発光させる方法の 2 通りがある．(A) 法では，たとえば鉄道虫の頭の赤色光を発する部分にある FLuc や望みの緑色や橙色の発光をする FLuc 変異体を細胞内で発現させ，LH_2 を加えて L–L 反応による発光を画像として捉える．今日では，緑，橙，赤の 3 色発光 FLuc を用いたマルチ遺伝子転写活性測定システムなどが研究用試薬として製品化されていて，細胞小器官レベルでのイメージングなどが報告されている．多色化の技術はさらに進み，デュアル測定など複数の対象を同時に観測することもできる．(B) 法では，天然型（ワイルドタイプ）の FLuc による発光の基質となる LH_2 類縁体を設計・合成するだけでなく，一歩進めて LH_2 類縁体の発光を効率的に触媒するような FLuc 変異体を発現させることも行われている．さらには長鎖脂肪酸アシル CoA 合成酵素（ACSL）が LH_2 類縁体を基質とする発光反応を触媒することが発見され，その用途

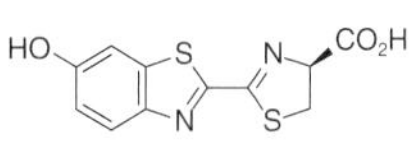

LH₂

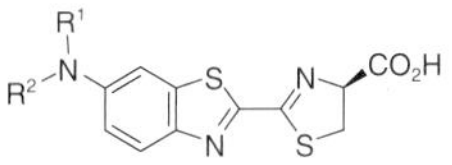

34a : R¹, R² = H
34b : R¹ = H, R² = アルキル
34c : R¹, R² = Me

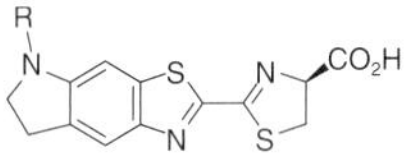

35a : R = H（CycLuc-1）
35b : R = Me（CycLuc-2）

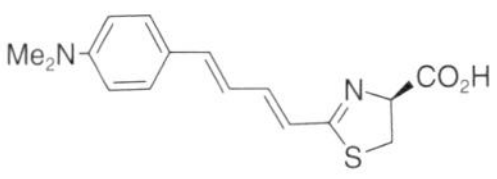

36 :（Akalumine™, アカルミネ）

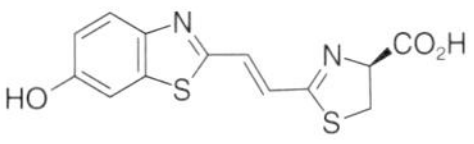

37

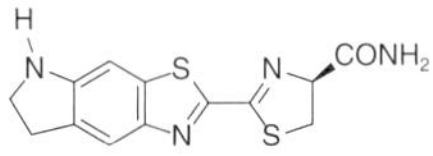

38

図 4.17　ホタルルシフェリン誘導体

が広がっている．

White と McElroy らが 1966 年に，LH_2 のフェノール性 OH を NH_2 に変えた **34a** が FLuc の基質として機能することを見つけたのが LH_2 類縁体の合成研究の始まりである．今日では，LH_2 のチアゾリンカルボン酸部位の立体配置が D-体であること，そしてエステルやアミドは L-L 反応の基質とならないことを除けば，FLuc や ACSL が基質の構造に比較的寛容であることがわかっている．今までに設計，合成されている数多くの LH_2 類縁体のなかから代表的な基質 **34**〜**38** を図 4.17 に示す．基質 **36**（Akalumine™）は赤色発光（λ_{max} = 675 nm）する基質であり，たとえばルシフェラーゼを発現させた LLC（肺がん腫の一つ）のモデルマウスへの投与試験で，LH_2 や基質 **35a**（CycLuc-1）に比べてずっと優れた深部組織の検出感度を示す．

62　第4章　生物の発光

4.4.2　セレンテラジンを基質とするL–L反応の利用

　セレンテラジンをルシフェリンとする海洋生物は数多いが，それらのルシフェラーゼがクローン化されているものは10種近くである．その一つウミシイタケ（Renilla）のルシフェラーゼRLucはさまざまなタイプの細胞で発現できるためバイオイメージングで幅広く利用されている．コペポーダ *Gaussia princeps* のルシフェラーゼGLucは分泌型で最小の質量（19.9 kDa：27 kDaのGFPより小さい）をもっていて，バイオイメージングやレポータータンパク質に利用されるほか，たとえばGLucとロドプシン†の融合タンパク質†が作製され，神経回路の研究に用いられる．

　発光エビ *Oplophorus gracilirostris* のルシフェラーゼOLuc（106 kDa）は35 kDaと19 kDaのサブユニットの対から成り立っていて，セレンテラジンとの反応で青色光（454 nm）の光を放つ．発光効率はRLucやイクオリンより高い．19 kDaのサブユニット†がL–L活性であってNanoLuc®として商品化されており，セレンテラジン誘導体 **41**（Furimazine）を基質とするとセレンテラジンそのものの200万倍以上の発光をする（図4.18）．GLucやOLucのサブユニットより小さなルシフェラーゼがコペポーダ *Metridia longa* のルシフェラーゼのアイソフォーム†（16.5 kDa）として近年見つかり，その応用が期待される．

　オワンクラゲのイクオリンを代表とするフォトプロテインは10種以上が単離，評価されていて，そのうち8つほどがクローン化されている．イクオリンは細胞内にある Ca^{2+} の分析に早くから応用されている．ダイナミックレンジが $10^{-3} \sim 10^{-7}$ mol L^{-1} と広いが発光量が少なくノイズが大きい，機能回復が遅いなどの問題があり，さまざまなセレンテラジン類縁体を合成しアポイクオリンに導入する試みがなされている．その結果，図4.18に示す基質 **39a** か

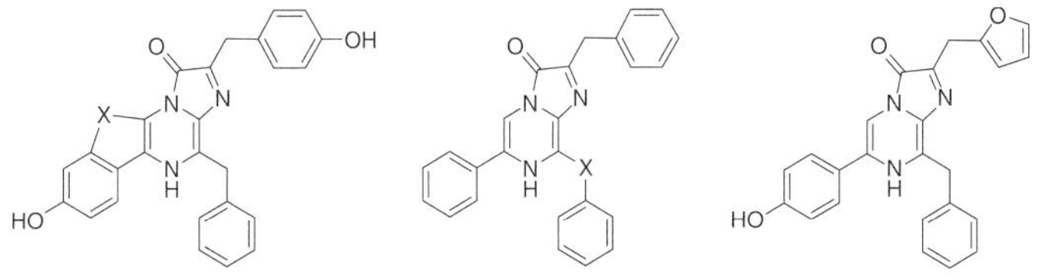

4.4 生物発光の利用　63

39a : X = CH$_2$CH$_2$
39b : X = CH = CH

40a : X = CH$_2$
40b : X = O
40c : X = S

41 : Furimazine

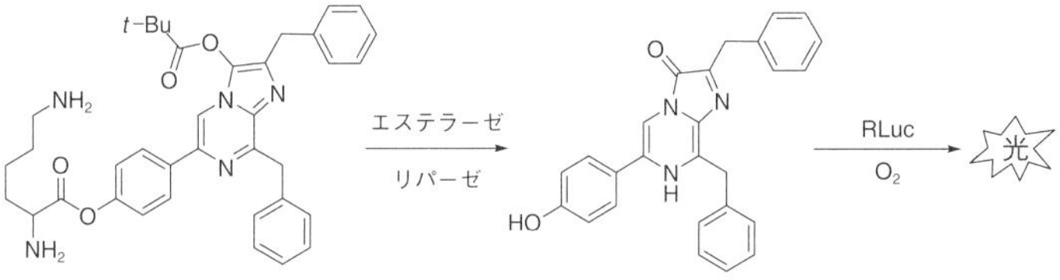

42 : （ViviRen™）

エステラーゼ
リパーゼ

43

RLuc
O$_2$

光

図 4.18　セレンテラジン誘導体とマスクされたセレンテラジン誘導体

らの半合成フォトプロテインのように，性能が大幅に向上したもの
も知られている．

　図 4.18 には代表的なセレンテラジン類縁体を示す．基質 **40a** は
OLuc により紫色（$\lambda_{max}=400$ nm）に発光し，緑色蛍光タンパク質
GFP への FRET のエネルギードナーとなる．基質 **39b** は OLuc で
$\lambda_{max}=480$ nm，RLuc で 512 nm の長波長発光を示す．イミダゾピ
ラジン環の 3- 位カルボニルをエノールエステル化し，フェノール
性 OH をリシンエステル化した **42**（ViviRen™）はそのままでは発
光しない．基質 **42** を RLuc の発現された細胞に導入すると，**42** は
まず細胞中のエステラーゼとリパーゼにより加水分解されて **43** と
なり，RLuc により長時間発光する．基質 **42** はセレンテラジンに
比べて細胞中での自動酸化に抵抗するためである．ネズミ腫瘍モデ

64 第4章 生物の発光

ルのバイオイメージングなどに用いられる.

4.4.3 ウミホタルの L–L 反応の利用

ウミホタルルシフェラーゼ CLuc の最大の特徴は細胞外に分泌されることである. 通常のホタルルシフェラーゼ FLuc によるレポーターアッセイでは細胞を破壊して, それから発光を計測するが, CLuc を利用すれば細胞を壊すことなく遺伝子発現を発光によりモニターできる. マウスの胎児皮膚から分離した培養細胞（NIH3T3）中で CLuc および同じく分泌型の GLuc（コペポーダ）を発現させ, 時計遺伝子 *Bmal1* の転写活性の概日リズムを調べている例がある.

4.4.4 発光バクテリアの L–L 反応の利用

発光バクテリアは培養しやすく乾燥に耐え, 変異株のなかには高温に耐えるものある. このような利点からバクテリアそのものを発光試験に利用できるのが他の発光生物にはない特徴である. たとえば海洋性の発光バクテリア *Vibrio fischeri* や *Photobacterium phosphoreum* を用いる土壌汚染や水環境汚染の評価試験法が開発され, 発光バクテリアを凍結乾燥した製品が市販されている. 発光バクテリアが有害物質と接触することで L–L 活性が阻害され, 発光量が減少することを利用した評価試験である.

上記の特徴に加え, バクテリアの発光システムは単一の *lux* オペロン[†]が発光反応に必要な情報一式を備えていることにある. *lux* オペロンによりルシフェラーゼ合成酵素, ルシフェリンとなる長鎖アルデヒドと $FMN-H_2$ を合成する酵素を産生すれば, 外部からルシフェリンを加えることなく発光する（図 4.14 参照）. このとき必要なのは FMN を $FMN-H_2$ に還元するための NAD(P)H であるから, NAD(P)H を NAD から作り出す脱水素酵素, その基質であるエタ

ノール，乳酸やオキサロ酢酸をバクテリアの発光システムにより分析できる．腫瘍では細胞の代謝が好気的解糖系[†]（ピルビン酸生成）から乳酸を生成する嫌気的解糖系にシフトする（Warburg 効果[†]）ので，バクテリア発光による分析法は腫瘍細胞の代謝マッピングに応用できる．

〈用語の説明〉（50 音順）

アイソフォーム＝構造は異なるが同じ機能をもつタンパク質．

アポタンパク質＝タンパク質から，ある機能をもった部分を取り除いた残りの構造．

ATP＝生物のエネルギー放出，貯蔵，物質の代謝，合成に必須の物質．

NADH＝ニコチンアミドアデニンジヌクレオチド．さまざまな脱水素酵素の補酵素としてはたらく電子伝達体．

オペロン＝1 つの形質を発現させる遺伝単位．

生体の窓＝生体内の物質に邪魔されずに光（$\lambda \approx 650 \sim 1000$ nm）が透過する領域．

解糖系＝グルコースに含まれる高い結合エネルギーを生物が使いやすいかたちに変換していくための代謝過程．

サブユニット＝タンパク質複合体の構成単位となる単一のポリペプチド鎖．

バイオイメージング＝細胞，組織，個体レベルで，生きたままの生体内における生体分子，薬剤，がん細胞などの分布や動態を画像化や可視化して解析する．

バイオセンシング＝酵素反応，抗原抗体反応，DNA の二重らせん形成などの生体分子の認識メカニズムを利用して，さまざまな分子を検出，計測する．バイオセンシングが可能なセンサーを**バイ**

66   第4章　生物の発光

オセンサーという.

融合タンパク質＝2個以上の遺伝子が一体となって転写，発現し，1個のタンパク質となったもの.

リコンビナントタンパク質＝遺伝子組換えにより人為的に作り出されたタンパク質.

レポーターベクター＝組換えDNAを増幅・維持・導入させる核酸分子. たとえば，ルシフェラーゼをコードした（つくる情報をもった）塩基配列（**レポーター遺伝子**）を，遺伝子発現を調べたい目的遺伝子の発現領域下に挿入して，遺伝子を発現させる. 同調して発現されるルシフェラーゼ（**レポータータンパク質**）によるL–L発光により目的遺伝子の発現を可視化する.

ロドプシン＝脊椎動物の光受容細胞にある色素.

Warburg効果＝悪性腫瘍細胞は好気的環境下においても，ミトコンドリアの酸化的リン酸化よりもむしろ解糖系でATPを産生するという現象.

第5章

化学発光

5.1 化学発光のほとんどは酸化反応

化学発光をひき起こす反応は発熱反応であって,吸熱反応による発光の可能性はほとんどない.発熱反応は模式図,図5.1に示すように進む.すなわち基質A+Bが活性化エネルギーを獲得し遷移状態を経て,反応熱を伴いながら生成物Pに変化する.生成物Pは最大で(反応熱+活性化エネルギー)を励起エネルギーとして獲得しうる.励起状態の生成物(P*)は基底状態のPに落ちるとき光を放つ.P* が可視光(400〜800 nm)を放射するには300〜150 kJ

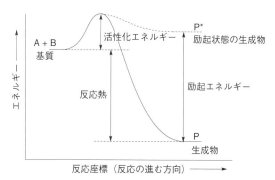

図5.1 反応とエネルギーの関係

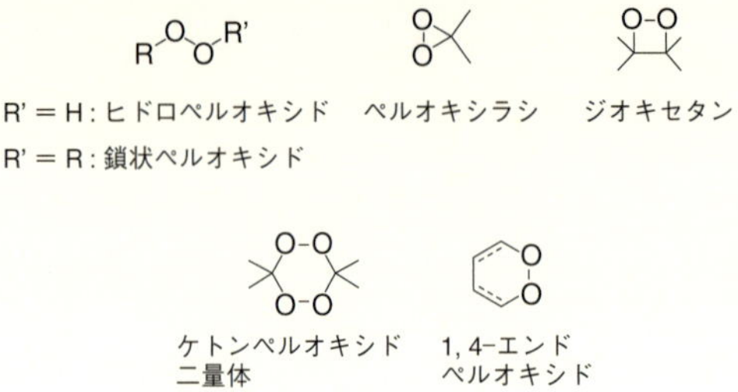

68 第5章 化学発光

R' ＝ H：ヒドロペルオキシド　　ペルオキシラシ　　ジオキセタン
R' ＝ R：鎖状ペルオキシド

ケトンペルオキシド　　1, 4-エンド
二量体　　　　　　　ペルオキシド

図 5.2　代表的なペルオキシド

mol^{-1} のエネルギーを反応により獲得しなければならない.

　化学発光にとって有利なのは大きなエネルギーを発生する反応であって，そのほとんどが酸化反応である．酸化反応のなかでも酸素分子や過酸化水素などの活性酸素（ROS）（コラム 3 参照）による酸素化反応がとりわけ高いエネルギーを生み出す．たとえばメタンが燃焼すると，次式に示すように約 890 kJ mol^{-1} もの熱を生み出す.

$$CH_4 + 2\,O_2 \longrightarrow CO_2 + 2\,H_2O + 890\ kJ\ mol^{-1}$$

　発光に至る酸素化反応は，C－O－O 結合をもつ過酸化物を中間体とする反応にまず限られる．過酸化物は概して不安定であるが，手にすることのできるものも多い（図 5.2）．過酸化物は結合エネルギーの小さな O－O が切断され，多くの場合，結合エネルギーの大きなカルボニル C＝O が生成するため大量のエネルギーが放出される．このため過酸化物は熱分解すると程度の差はあれ，すべて発光するといってよい．一例として，アルカンや高分子の自動酸化で生成するペルオキシラジカルからの Russell 機構による発光過程を図 5.3 に示す．自動酸化反応は一般的にラジカル連鎖機構で進み，

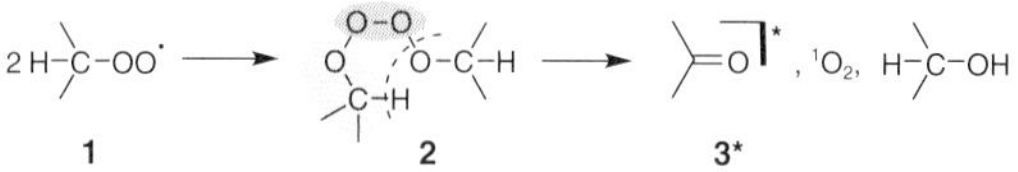

図 5.3　ペルオキシラジカルの Russell 機構による発光

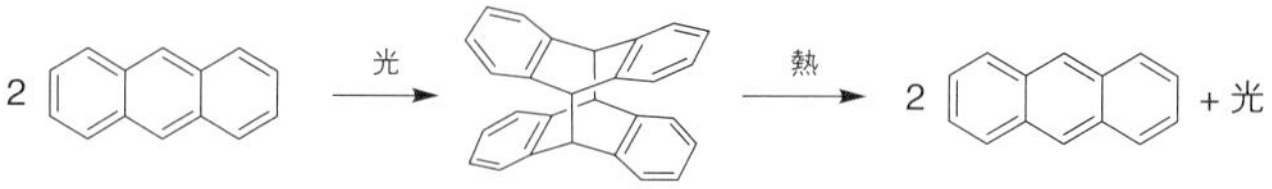

図 5.4　アントラセン二量体の発光

第一級あるいは第二級炭素ラジカルと酸素分子からペルオキシラジカル **1** が生成する．2 つのペルオキシラジカル **1** が結合してテトラオキシド **2** を生成，これが分解してケトンと酸素分子とアルコールを与える．この反応は約 400 kJ mol^{-1} の発熱反応であり，励起ケトン **3*** や一重項酸素を生み出すのに十分である．

　環状のペルオキシド，とりわけ四員環のペルオキシド，1,2–ジオキセタン（略してジオキセタン）は環自体が大きな歪みをもっているうえに，分解により結合エネルギーの大きなカルボニル 2 個を生成することから，大きな反応熱を放出する．生物の発光でも化学発光でもジオキセタンは最も重要な高エネルギー中間体である．

　ここで，本節の表題中の「ほとんど」が意味するとおり，酸化反応でない化学発光もいくつか知られている．繰返しになるが，生成する分子を励起させるのに十分な反応熱があれば発光が起こりうる．たとえばアントラセン **4** は光のエネルギーを吸収して二量体 **5** となり，このものは熱により分解し元に戻るが，その際に発光する（図 5.4）．

　化学発光は，通常「化学反応によりヒトの眼で見えるような光を

70   第 5 章　化学発光

伴う」ものをいうが，なかには食品などの分析に役に立つ微弱な発光系もある（コラム 10）．化学発光を起こす基質はジオキセタンを除いて偶然の機会に化学者の鋭い観察眼によって発見されてきた．次節からは歴史的にもよく知られたロフィン（1877 年），ルミノール（1928 年），ルシゲニン（1935 年）そして過シュウ酸エステル（1963 年）の発光を中心に順を追って話題とする．ロフィンは化学発光の歴史に最初に登場する化合物である．ルミノール，ルシゲニンと過シュウ酸エステルは医療を中心とした近代的な高感度迅速分析への応用を目指してさまざまな研究が行われている化学発光基質である．これらはまた理科の"視覚に訴える"デモンストレーション実験のための格好の材料である．

5.2　ロフィンの発光

ロフィン（2,4,5-トリフェニルイミダゾール）6 は世界で最初に発見された有機発光化合物である．発見者 Radziszewski によりドイツの化学論文誌 *Chemische Berichte* に 1877 年に掲載された研究報告には，ロフィンの精製過程での発光現象の発見と，発光現象はアルカリ性条件での酸素酸化によること，そして最終生成物はアンモニアと安息香酸であることが記されている．また，ロフィンの化学発光が古くから知られているリンの化学発光や生物の発光と関

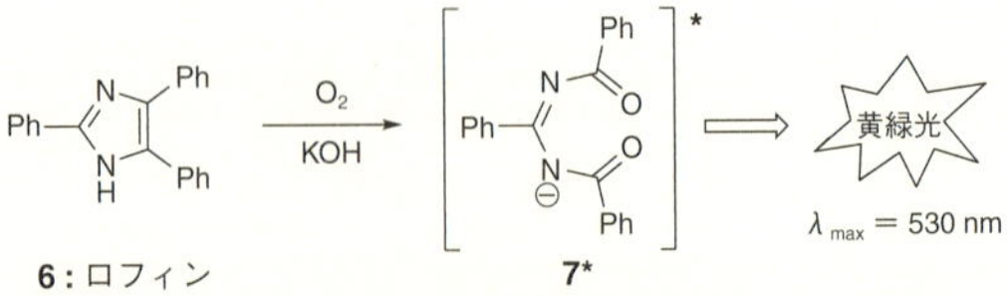

図 5.5　ロフィンの発光

5.2 ロフィンの発光 71

コラム10

ワインが光る，ソーセージも光る

ピロガロール **1a** や没食子酸 **1b** のようなポリフェノールとホルムアルデ
ヒドのアルカリ性水溶液に H_2O_2 を加えると発熱を伴いぼんやりと赤色に
発光する．Trautz-Schorigin 反応といわれるもので 1905 年に報告されてい
る．赤色の発光は反応中に生成する一重項酸素 $^1O_2$ によるとされていて
（$^1O_2$ の赤色発光は $\lambda=633, 702, 763$ nm），アルデヒドとポリフェノール **1** の
いずれが欠けても発光はみられない．反応では **1** が酸化されキノン **2** を経
由して図のような経路でプルプロガリン **3** がおもな生成物として得られる．
しかし酸化反応が進む過程で $^1O_2$ がどのようなメカニズムで発生するかは
よくわかっていない．

1a : R = H
1b : R = CO₂H

1a　　　　　　　**2**　　　**2**　　　　　　　　　　　　　　**3**

上記の発光反応と類似した発光系が食品の活性酸素消去能の検査などに
有用とされている．XYZ 系活性酸素消去発光といわれる系で，X は H_2O_2 な
どの活性酸素，Y は没食子酸 **1b** などの水素供与物質，Z はメディエーター
といわれるアセトアルデヒドや酵素 HRP（西洋ワサビペルオキシダーゼ）
などの物質である．この 3 者を混ぜ合わせると $\lambda=600\sim700$ nm に微弱な
発光がみられる．X，Y，Z のうちの 2 つを用いれば残りの 1 つを評価でき
ることになる．たとえばポリフェノールを含むワインやお茶は X と Z で発
光する．ソーセージも X と Y，あるいは X と Z で発光する．発光種には
$^1O_2$ も関わっていそうであるが，発光の詳細はよくわかっていない．

わりがあるとの認識に立った考えを述べている．なお Radziszewski
はロフィンを含めたイミダゾール類の簡便合成法を見出した化学者
であり，その合成法は Radziszewski 反応として知られている．

ロフィン **6** を KOH のような強塩基のエタノール溶液に溶かし，
空気あるいは酸素を吹き込むと励起状態にあるジベンゾイルフェニ
ルアミジンアニオン **7*** が生成し，これが黄緑色（530 nm）の光を
放つ（図 5.5）．アミジン・アニオン **7** は塩基性条件下で容易に加
水分解され，アンモニアと安息香酸になる．

5.2.1 ロフィンの発光メカニズム

ロフィン **6** の酸素 O_2 による発光反応系にフェリシアン化カリウ
ム $K_3Fe(CN)_6$ や次亜塩素酸ナトリウム NaOCl などの酸化剤を加え
ると発光が増強される．ロフィン **6** はこれらの酸化剤で一電子酸
化されてラジカル **8** を生成する（図 5.6）．空気がなければラジカ
ル **8** は **9** などの二量体となり，二量体 **9** は光を照射するとラジカ
ル **8** に戻る．ラジカル **8** は O_2 によりロフィンのヒドロペルオキシ
ド **10** になり，これは塩基性条件下で分解しロフィン **6** の発光と同

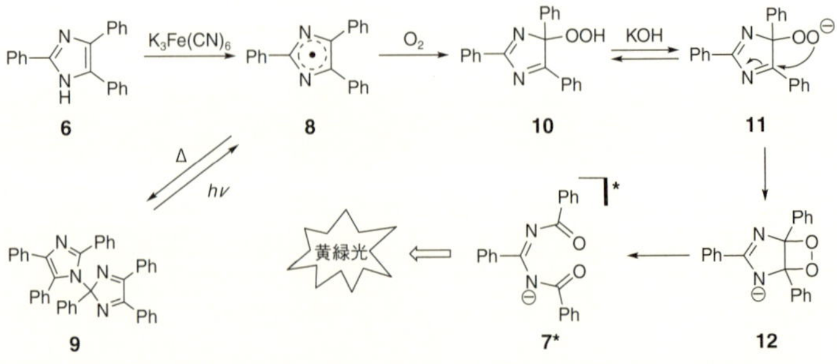

図 5.6 酸素と金属塩などの酸化剤が共存する系でのロフィンの発光メカニ
ズム

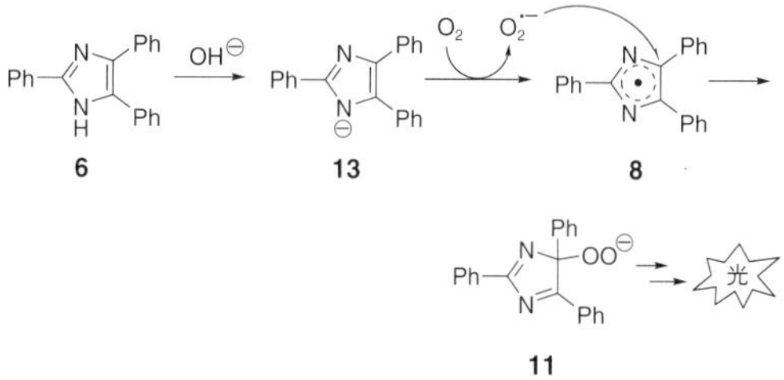

図 5.7 酸素と強塩基のみの系におけるロフィンの発光メカニズム

じく黄緑色の光を放つ．これらのことから，ロフィン **6** の O_2/強塩
基による発光反応はヒドロペルオキシド **10** を経由して進むことが
わかる．塩基により **10** はアニオン **11** を経由して分子内閉環によ
りジオキセタン **12** を与える．ジオキセタン **12** はただちに分解し
アミジンアニオンの励起分子 **7*** を生じる．なお，ヒドロペルオキ
シド **10** はロフィン **6** の一重項酸素酸化（コラム 3 参照）でも合成
できる．

　酸素 O_2 以外の酸化剤がない系では図 5.7 に示すように反応が進
む．強塩基により生じたロフィンのアニオン **13** と酸素 O_2 との間
の一電子酸化/還元により，ラジカル **8** とスーパーオキシドアニオ
ン $O_2{}^{\bullet-}$ がまず生成する．両者が結合してペルオキシアニオン **11** が
生成する．アニオン **11** は図 5.6 に示したように **12** を経由して発
光する．一方，一重項酸素 $^1O_2$ を発生して **13** に戻る経路もある．

5.2.2　ロフィン類縁体の化学発光

　1960 年代に始まるロフィンの発光メカニズムについての研究以
降，数多くの類縁体が合成されている．いずれもイミダゾール環上
の 3 つの置換基は芳香環であり，アルキル置換基をもつものは発光

74   第 5 章　化学発光

━**コラム11**━━━━━━━━━━━━━━━━━━━━━━━━━━━━━━━

化学発光のプロフィールを知る

　化学発光という現象を科学的に記録し報告するには，発光スペクトルに加えて，次のような発光のプロフィールを定量的に表すことが大切である．

(1) 最大発光波長（λ_{max}/nm）（図 1）：発光スペクトルの山の頂点，通常は 1 つ．

(2) 発光効率，発光量子効率（Φ_{CL}）：反応に使われた化学発光化合物の物質量に対する全発光量（単位 E：アインシュタイン）．1 mol の化学発光化合物が反応して 0.2 E の光が発生すれば，発光効率は $\Phi_{CL}=0.2$ あるいは 20 % となる．基準となる化学発光の発光効率に対する相対的な値として求めることが多い．

(3) 発光の経時変化（図 2）：反応速度式と速度定数を求める．化学発光化合物の多くでは複雑な素反応が逐次的に進行して発光に至る．それゆえ定量的な表現は容易ではないし，速度論的な解析には発光実験系の相当な工夫が必要である．

　ここで，発光効率についてもう少し説明する．通常の化学発光は，(i) 化学発光基質からの高エネルギー中間体の生成，(ii) 高エネルギー中間体からの一重項励起分子の生成（一重項化学励起過程）と (iii) 一重項励起分子からの蛍光放射，という 3 段階に分けられる．したがって，発光効率 Φ_{CL} は

$$\Phi_{CL}=(\Phi_R)\times(\Phi_S)\times(\Phi_{FL}) \tag{1}$$

　　　　Φ_R：高エネルギー中間体の生成効率

　　　　Φ_S：一重項化学励起効率

　　　　Φ_{FL}：エミッターの蛍光量子効率

となる．生物発光の発光効率 Φ_{BL} は，式（1）の Φ_R がルシフェリンからの高エネルギー中間体の生成効率になるだけである．ホタルの場合 $\Phi_{BL}=0.41(41\%)$ であるから，Φ_M を Φ_R，Φ_S，Φ_{FL} の平均値とすると式（1）より $\Phi_{BL}=(\Phi_M)^3$ で

あるので $\Phi_{BL}=(\Phi_M)^3=0.41(41\%)$，よって $\Phi_M=0.75$（75% 弱），ヒカリコメツキの場合 $\Phi_{BL}=0.61$（61%）であるから，3 段階の平均効率は実に 85% に達する．

ジオキセタンは高エネルギー中間体そのものであるから，ジオキセタン型化学発光の場合には $\Phi_R=1$ で，$\Phi_{CL}=(\Phi_S)\times(\Phi_{FL})$ と単純化される．

より詳しい発光のプロフィールを表現するには，エミッターの化学構造を知り，その標品の蛍光スペクトルを調べることが必要である．溶媒など同一条件下での発光スペクトルと標品の蛍光スペクトルが一致すれば，まずエミッターを同定できたといえる．高エネルギー中間体の生成効率 Φ_R がわかっていれば，蛍光量子効率 Φ_{FL} を測定することにより，一重項化学励起効率 Φ_S を算出できる．

ほとんどの化学発光は溶液中で行われる．発光は反応により生成する一重項励起エミッターが放つ蛍光であるから，セルに反応液を入れ，発光を市販の蛍光分光光度計などで検出すればよい．

発光反応を分光光度計で経時的に測定すると
(1) 発光スペクトルの形と最大発光波長（λ_{max}/nm）（図 1），
(2) 発光スペクトルの形と強さの経時変化がわかる．
(3) 発光スペクトルの形が反応を通して変わらなければ，一定の波長（たとえば λ_{max}）での発光強度の経時変化のカーブから反応の速度と発光量についての情報が得られる（図 2）．

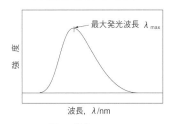

図 1　発光スペクトル

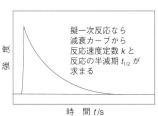

図 2　最大発光波長での発光強度の経時変化

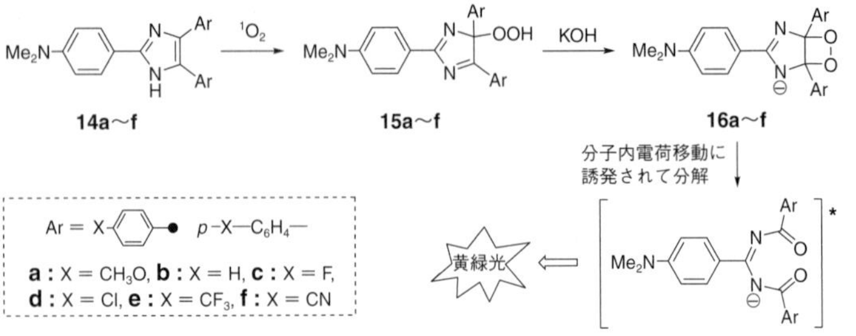

76　第 5 章　化学発光

図 5.8　4-ヒドロペルオキシイミダゾールの発光

しない．図 5.8 に示すように 2-位には p-ジメチルアミノフェニル
基のような電子供与性の芳香環の付いた 2,4,5-トリアリールイミダ
ゾール **14** の発光効率が高く，逆に p-ニトロフェニル基のような電
子求引基が 2-位についたものはほとんど発光しない．また，イミ
ダゾール **14** の 4,5-位アリール基も発光効率に大きく影響する．さ
まざまなパラ置換フェニル基 p-X-C$_6$H$_4$- が 4,5-位に付いたイミ
ダゾール **14a~f**（X＝**a**：CH$_3$O，**b**：H，**c**：F，**d**：Cl，**e**：CF$_3$，**f**：
CN）から一重項酸素酸化によりヒドロペルオキシド **15a~f** を合成
し，それらを KOH/CH$_3$OH-CH$_2$Cl$_2$ 中で反応させて発光効率に対
する p-X-C$_6$H$_4$- の置換基効果が調べられている．p-フルオロフェ
ニル体 **14c** の発光効率（Φ_{CL}＝1.0%）はロフィン **6** の 140 倍と最
も高く，一重項化学励起効率は Φ_S＝79% に達すると報告されてい
る．p-X 基の一重項化学励起効率 Φ_S に及ぼす置換基効果から，ジ
オキセタン中間体 **16a~f** は分子内電荷移動に誘発されて分解し，
発光するとしている．

　ロフィンの塩基性 H$_2$O$_2$ による発光は微量の Co(II) や Cr(VI) な
どの遷移金属イオンにより増強されることから，ロフィンとその類
縁体はこれらのイオンの高感度発光分析に利用されている．さらに

17a : X = CH, **17b** : X = N   **18a** : X = CH, **18b** : X = N

図 5.9　ロフィン誘導体の分析化学への応用

はロフィン自体の発光ではなく，ルミノール（5.3節）による H_2O_2 や HRP（西洋ワサビペルオキシダーゼ）の高感度発光分析に用いるエンハンサー（発光の増強剤）としてイミダゾール **17a**，**17b** や **18a**，**18b** などが開発されている（図 5.9）．

5.3　ルミノールの発光

　化学にさほど馴染みのない人々にも最もよく知られている化学発光基質はルミノールであろう．ルミノールは Albrecht により 1928 年に発見された基質で，推理小説やテレビのサスペンスものにしばしば登場する科学捜査での血痕鑑識ツールである．

　ルミノールはアルカリ水溶液中で鉄，銅，コバルトなどの遷移金属イオンやそれらの錯体，あるいはある種の酵素の触媒作用で過酸化水素 H_2O_2 により酸化されて青色の発光を示す．血液中のヘモグロビンは鉄錯体の一つでありルミノール発光の触媒となる．一方，DMSO（ジメチルスルホキシド）などの非プロトン性溶媒を用いるときには強塩基と空気（酸素）だけでルミノールの発光が起こる．発光の効率 Φ_{CL} は水系で最大 2%，DMSO 中では 1% 程度である．

　ルミノール（**19**：3-アミノフタルヒドラジド）は，図 5.10 に示すように，窒素ガス N_2 を発生させながら 3-アミノフタレート **20**

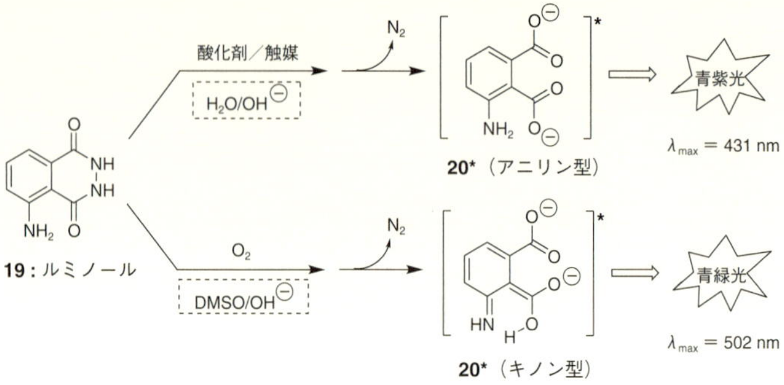

78　第5章　化学発光

図5.10　ルミノールの発光

を生成し発光する．水系溶媒中でも DMSO のような非プロトン性
溶媒中でも，一重項励起状態の 3-アミノフタレート **20*** がエミッ
ターであるが，水系では青紫色（最大発光波長 $\lambda_{max}=431$ nm）の
光を放つのに対し，DMSO 系では青緑色（$\lambda_{max}=502$ nm）の光が見
られる．エミッターの構造が水系では **20**（アニリン型）であるの
に対し，非プロトン性溶媒中では **20**（キノン型）構造をとるとさ
れている．

　ルミノールとその類縁化合物の化学は古くから研究されていて，
その発光メカニズムについてもさまざまな説明がなされている．こ
こでは代表的なものを取り上げて述べる．

5.3.1　ルミノールの発光メカニズム

　ルミノールとその類縁化合物の研究から，図5.11に示すような
ルミノールの構造異性体あるいはヒドラジド窒素やカルボニル（エ
ノール型）酸素がメチル置換された化合物は，化学発光しないこと
が知られている．このことからルミノールの発光にはまずヒドラジ

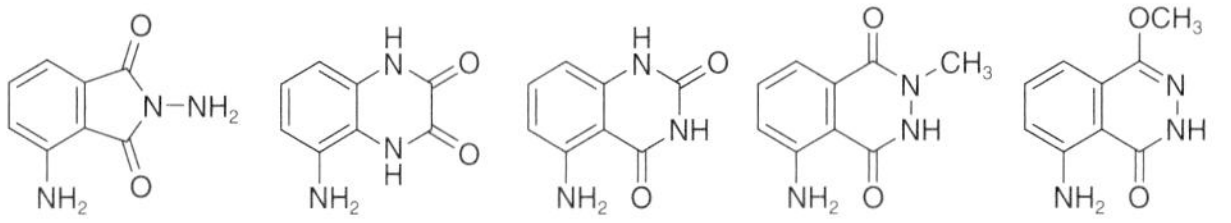

5.3 ルミノールの発光 *79*

図 5.11 ルミノールの構造異性体と *N*–メチル体

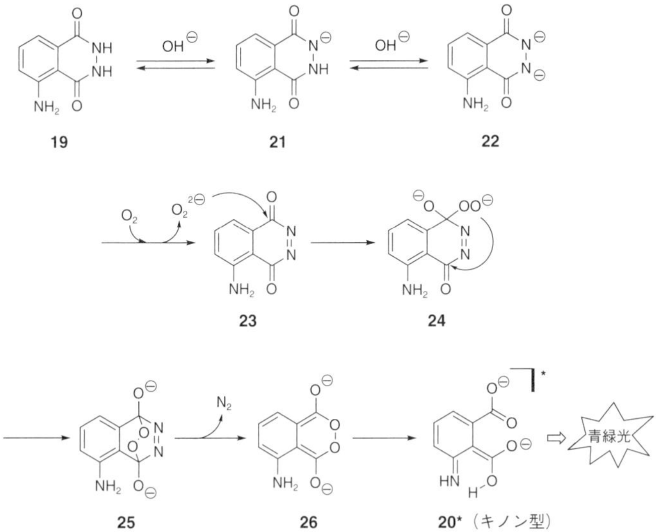

図 5.12 非プロトン性溶媒中でのルミノールの発光

ド部位 C(O)−NH−NH−CO が不可欠であることがわかる.

　DMSO のような非プロトン性溶媒中では，ルミノール **19** の発光反応は分子状酸素 O_2 と強塩基のみで起こると先に述べた．まず触媒を必要としないルミノールの発光メカニズムについて図 5.12 に沿って話を進める．発光は次の（1）〜（4）のステップを経て起こる.

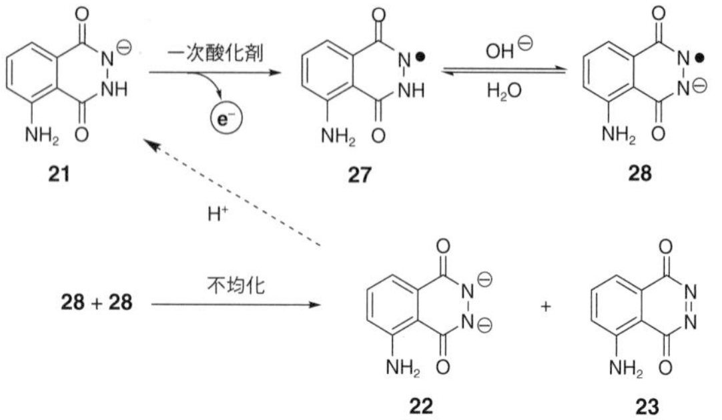

80　第 5 章　化学発光

図 5.13　ルミノールのアルカリ性水溶液中での発光メカニズム

(1) 強塩基の作用で **19** の NH−NH からプロトンが引き抜かれモノアニオン **21** を生成し，さらに残ったプロトンも引き抜かれてジアニオン **22** を生成する.

(2) ジアニオン **22** は溶液中の酸素 O_2 と反応してジアザキノン **23** と過酸化水素ジアニオン（O_2^{2-}）になる.

(3) O_2^{2-} がジアザキノン **23** のカルボニルを求核攻撃するとペルオキシ/オキシジアニオン **24** ができる．OO^- が分子内でカルボニルを攻撃し閉環すればジアニオン **24** は双環性エンドペルオキシド **25** となる.

(4) 逆 Diels-Alder 反応により **25** は窒素分子を放出して高エネルギーのベンゾジオキシン **26** となる．これはただちに $O-O$ 結合の切断を伴う異性化により一重項励起状態の **20***（キノン型）を与え，発光が起こる.

　アルカリ水溶液中での発光でもルミノールはジアザキノン中間体 **23** を生成するが，非プロトン性溶媒/酸素系とは反応の仕組みが異なる（図 5.13）．プロトン引抜きによりモノアニオン **21** は生成するものの，図 5.12 に示すようなジアニオン **22** はアルカリ性水溶液

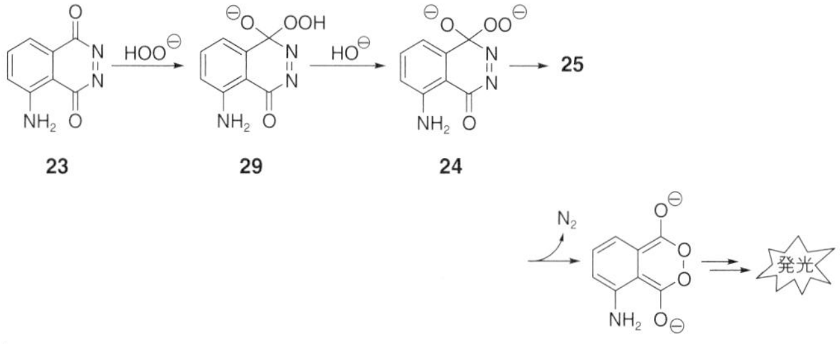

5.3 ルミノールの発光　*81*

図 5.14　ジアザキノンへの過酸化水素の付加による高エネルギー中間体の
　　　　生成

中では生成し難い（**19** の NH−NH−の第 1 酸解離指数 $pK_{a_1}=6.7$,
第 2 酸解離指数 $pK_{a_2}=15.1$ とされている）. しかし鉄や銅イオンあ
るいは酸化酵素が存在すればそれらが一次酸化剤としてはたらき,
モノアニオン **21** は一電子酸化されてラジカル **27** を生成する. ラ
ジカル **27** からプロトンが塩基により引き抜かれてラジカルアニオ
ン **28** が生成する（図 5.13）. 2 つのラジカルアニオン **28** が不均化
することによりジアザキノン **23** とジアニオン **22** が生成する. ジ
アニオン **22** は即座にプロトン化されモノアニオン **21** に戻る.

　このようにジアザキノン **23** が鍵中間体となる考えは, 諸説ある
ルミノールの発光メカニズムに共通している. 次のステップはジア
ザキノン **23** への H_2O_2 の付加である. 図 5.14 に示すように, アル
カリ性水溶液中では過酸化水素モノアニオン（HOO^-）がジアザキ
ノン **23** のカルボニル基を求核攻撃し, ヒドロペルオキシ/オキシ・
アニオン **29** を与える. アニオン **29** はさらにプロトンを失いジア
ニオン **24** となって非プロトン性溶媒系（図 5.12）の場合と同様に
高エネルギー中間体のベンゾジオキシン **26** を生成し発光する. 中
間体 **26** を経ることなく発光反応が起こるという説もあるが, これ

82 第5章 化学発光

までの話にあるように，**26** はルミノール化学発光の化学励起過程における最も有力な高エネルギー中間体である．

5.3.2 ルミノール類縁体の化学発光

ルミノールをリード化合物とする化学発光基質の分子設計という視点からは，(1) 芳香環上のアミノ基はどういう役割をしているのか，そのアミノ基が別の置換位置にあればどうか，(2) アミノ基以外の電子供与性置換基あるいは電子求引性置換基ならどうか，さらには (3) 芳香環のπ共役系を拡張したらどうなのか，といったさまざまな疑問が湧き出す．その背景にはルミノールより発光効率の高い発光基質や発光色調の異なるものを創出する，そしてモダンな発光分析法などへの応用を企てるといった目的のほか，過去に説明されている発光メカニズムの再検討もある．こうして今までに多数のルミノール類縁体が合成されているが，本項では代表的なルミノール類縁体について紹介する．

ルミノールの母核であるフタルヒドラジド **30** はルミノールの反応と同様な条件の下でフタルヒドラジドのモノアニオン **31** を経て酸化され，一重項励起フタレートアニオン **32*** が生成する．しかし **32** は蛍光性がないため，図 5.15 に示すように，**32*** から励起エネルギーを受け取ったフタルヒドラジドの励起モノアニオン **31*** が発光する．フタルヒドラジド **30** にアクリドンのようなフルオロフォアを結合させた **33** やスチルベン骨格をもつ **34** ではフルオロフォアへの分子内エネルギー移動や共役系の拡張による発光が起こる（図 5.15）．

フタルヒドラジドのベンゼン環を複素芳香環やナフタレン環などの多環式芳香環に変える試みもなされていて，たとえば図 5.16 中の化合物 **35** は化学発光分析に利用されており，基質 **36** および **37**

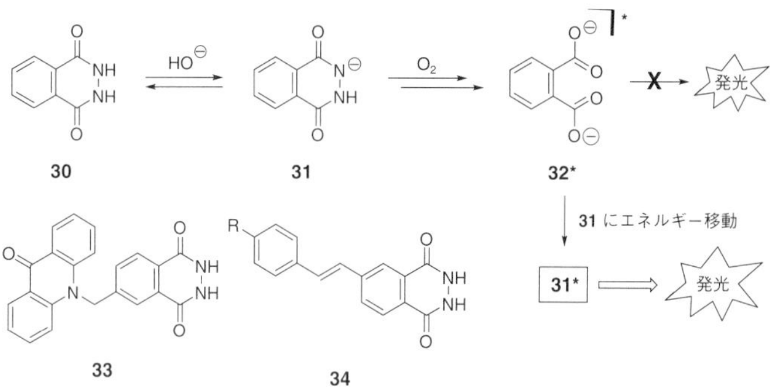

図 5.15　フタルヒドラジドのエネルギー移動を伴う発光

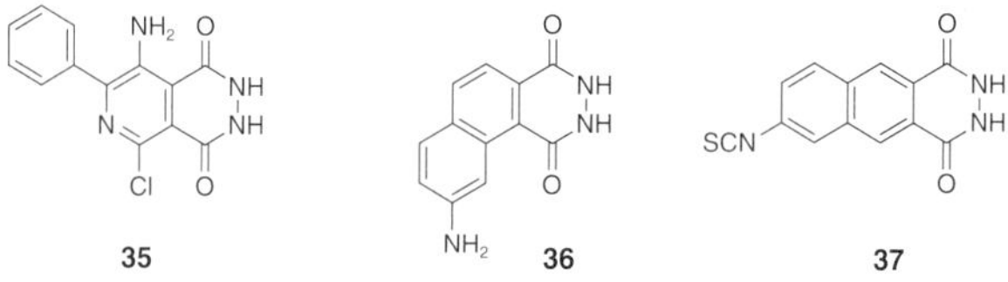

図 5.16　ルミノールの複素芳香環誘導体とナフチル誘導体

では発光効率はルミノールの 3〜5 倍に達する.

　ルミノールのアミノ基を 4-位に移した基質はイソルミノール **38** と称され（図 5.17），アルカリ性水溶液/H_2O_2 系で励起状態のフタレート **39*** を生成し青紫色の光（$\lambda_{max}=416\,nm$）を放つ. 発光効率はルミノールの 1/10 程度であるが，アミノ基のさまざまな修飾が容易で，分子生物学への応用も企てられている. その一例が図 5.17 に示すマクロラクトン **40** である. マクロラクトン **40** をモノクローナル抗体（エイズウイルス HIV p24 抗原に対する）と反応させると，イソルミノール誘導体で末端の修飾されたモノクローナル抗体 **41** が得られる. 抗体 **41** は HIV p24 抗原の化学発光免疫測定法

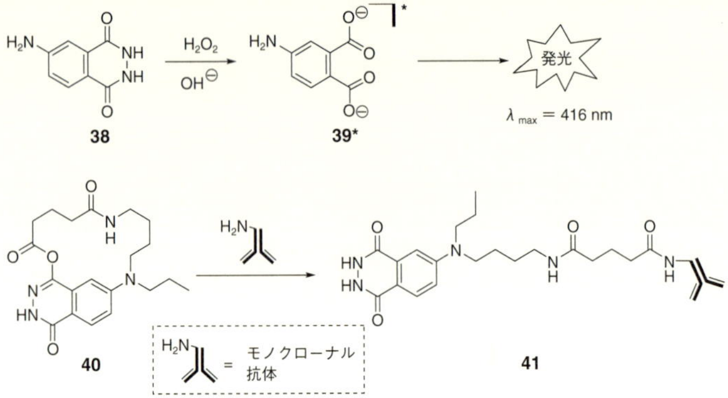

84　第5章　化学発光

図 5.17　イソルミノールとその誘導体

（chemiluminescent immunoassay：CLIA）への利用を目指したものである.

5.4　ルシゲニンとアクリジンの発光

　ルシゲニン（硝酸ビス-N-アクリジニウム）**42** はルミノールに次いで古くから知られる化学発光基質であり，Gleu と Petsch により 1935 年に発見された．ルシゲニン **42** は塩基性水溶液中で過酸化水素と反応して一重項励起状態にあるアクリドン **43*** を生成し，これが青色光（最大発光波長 $\lambda_{max}=445$ nm）を放つ（図 5.18）．発光の効率はルミノールと同程度である．反応の初期には青緑色（最大発光波長 $\lambda_{max}=510$ nm）の発光を示し，反応が進むにつれ青色の発光に変化する．青緑色の発光は励起アクリドン **43*** からのエネルギー移動（FRET）により生成する励起ルシゲニン **42*** からのものである.

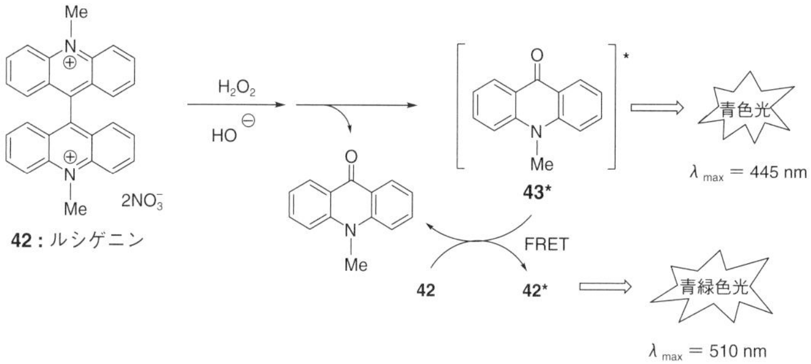

5.4 ルシゲニンとアクリジンの発光　*85*

図 5.18　ルシゲニンの発光

5.4.1　ルシゲニンの発光メカニズム

ルシゲニン発光は不安定な高エネルギー中間体，ジオキセタン **44**，を経由するとされている．ジオキセタン **44** はいまだに確認されていないが，図 5.19 のように，10,10'-ジメチル-9,9'-ビアクリデン **45** を一重項酸素と反応させると励起アクリドン **43*** からの発光が起こることからルシゲニン **42** の発光がジオキセタン **44** を経由するのは確かといえる．

それではルシゲニン **42** と H_2O_2 からジオキセタン **44** がどのように生成するのか？　図 5.20 に示すように，まず過酸化水素アニオ

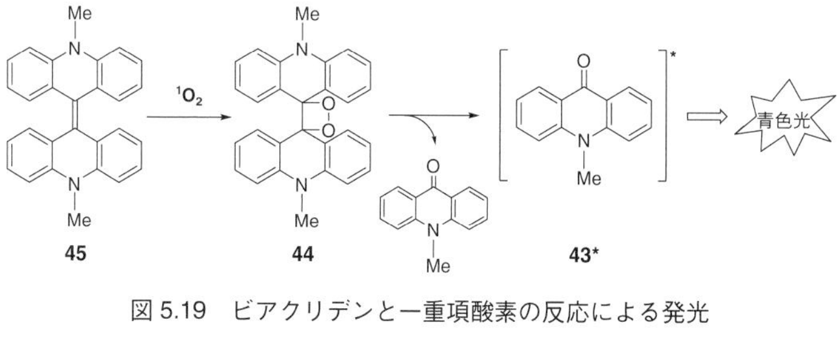

図 5.19　ビアクリデンと一重項酸素の反応による発光

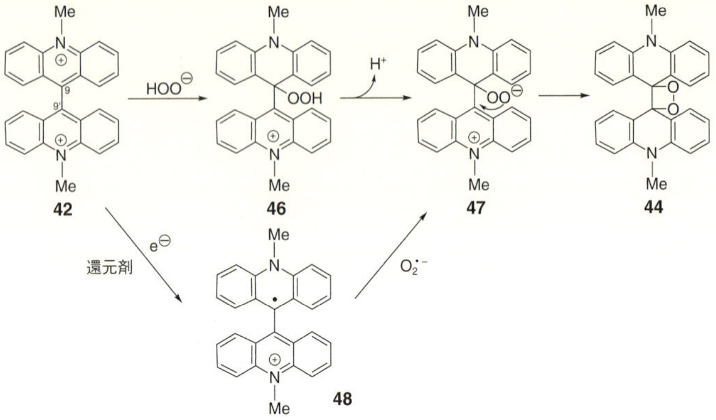

86   第5章   化学発光

図5.20   ルシゲニンの発光メカニズム

ン HOO⁻ がアクリジニウム環の9-位を求核攻撃してヒドロペルオ
キシド **46** を生成する．続いて脱プロトン化したペルオキシアニオ
ン **47** が分子内で環化するとジオキセタン **44** が生成する．

　ルシゲニン **42** は還元剤が存在するとスーパーオキシドアニオン
$O_2^{\bullet -}$ との反応により発光する．たとえば $O_2^{\bullet -}$ を生成するキサンチ
ンオキシダーゼ系にルシゲニンを加えると発光が観察される．この
化学発光系では，図5.20に示すように，まずルシゲニン **42** が一電
子還元されてラジカルカチオン **48** が生じる．**48** が $O_2^{\bullet -}$ と反応し
て **47** を生成し，閉環によりジオキセタン **44** を与える．この仕組
みを利用してルシゲニンの化学発光は生化学系でのスーパーオキシ
ドアニオン検出用の化学発光プローブとして用いられる．

5.4.2   ルシゲニン類縁体とアクリジンの化学発光

　ルシゲニン **42** の母核であるアクリジン **49** やアクリジニウム塩
50 の誘導体も化学発光を起こし，今日では構造変換の柔軟性から

5.4 ルシゲニンとアクリジンの発光

ルシゲニン類縁体よりも多様で有用な発光基質が創出されている．図 5.21 に示すように，ルシゲニン **42** を代表とするビアクリジニウム塩 **51** ではアクリジン環の 9-位が塞がれている．一方，アクリジン **49** やアクリジニウム塩 **50** では，9-位炭素も容易に修飾できる．

まずアクリジニウム塩 **50** そのものの発光について話そう．図 5.22 に示すように，**50**（R'＝Me）を酸素雰囲気下に DMSO 中 *t*-BuOK で処理すると，ルシゲニンと同様に励起アクリドン **43*** に由来する青色の発光が起こる．発光は次のように起こると説明されて

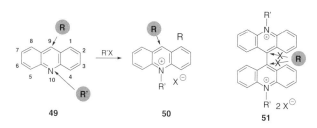

図 5.21 アクリジン，アクリジニウム塩とビアクリジニウム塩

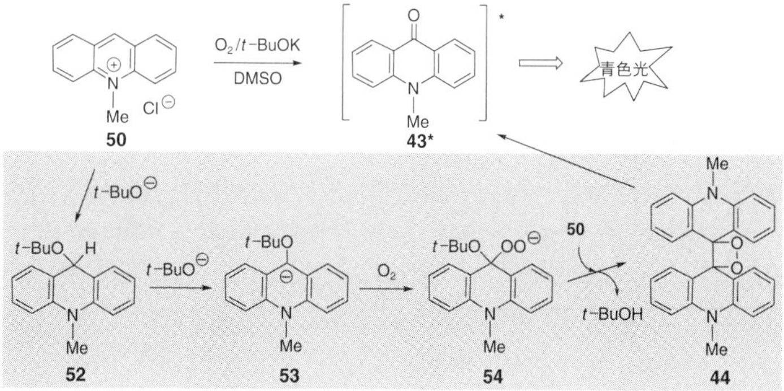

図 5.22 アクリジニウム塩の発光

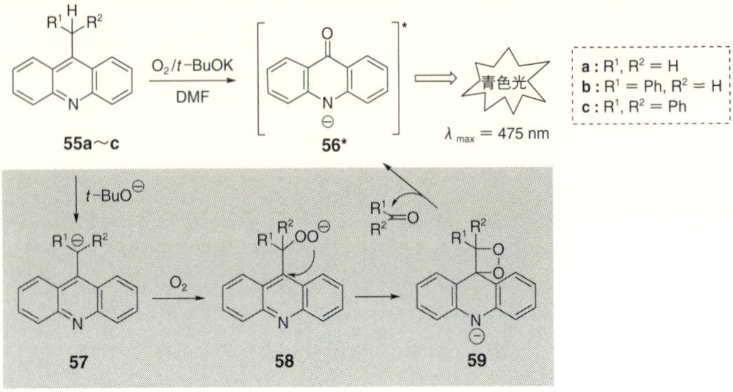

88 第5章 化学発光

図 5.23 9-位置換アクリジンの発光

いる．アクリジニウム塩 **50** の 9-位は求核攻撃を受けやすく *t*-BuO⁻
と反応してアクリダン **52** を生成する．アクリダンの 9-位プロトン
は引き抜かれやすく *t*-BuO⁻ の作用でアニオン **53** を生成し，これ
が酸素と反応してペルオキシアニオン **54** を与える．アニオン **54**
が **50** を求核攻撃してビアクリダンとなり *t*-BuOH が脱離，閉環す
るとジオキセタン **44** が生成する．

アクリジンの場合には 9-位置換基の α-CH が活性化されている．
図 5.23 に示すように，アクリジン **55a〜c** を DMF 中 *t*-BuOK で処
理すると酸素と反応して励起アクリドンアニオン **56*** が生成し青
色光（$\lambda_{max}=475$ nm）を放つ．この反応では最初に生成するアニオ
ン **57** が酸素と反応してペルオキシアニオン **58** となる．アニオン
58 の −OO⁻ が 9-位炭素を分子内攻撃し閉環によりジオキセタン **59**
を生成し分解発光する．発光の効率は **55a**（9-CH₃）＞ **55b**（9-
PhCH₂）＞ **55c**（9-Ph₂CH）である．

アクリジン/O₂/塩基という化学発光系の仕組みは，図 5.24 のよ

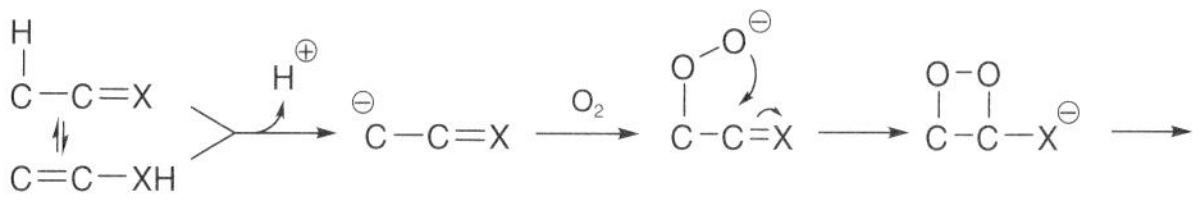

図 5.24　カルボニル，エノール，イミン，エナミンの発光

うにより拡張し一般化される．X はアニオンを安定化させる原子あるいは原子団であって，**60** は X＝O ならカルボニルあるいはエノールであり，X＝NR ならイミンあるいはエナミンである．プロトンが **60** から引き抜かれるとアニオン **61** が生成し，これが酸素と反応するとペルオキシアニオン **62** が生成する．アニオン **62** の分子内閉環によりジオキセタン **63** が生成し，ただちに分解して一重項化学励起が起こる．ステップ **62** → **63** はロフィン（5.2 節）の場合と類似している．

　図 5.25 に示すジメチルインドール **64** は DMSO 中 t-BuOK で処理すると溶存酸素により酸化され発光する．反応はペルオキシアニオン **65**，ジオキセタン **66** を経由した分解で，励起アミドアニオン **67*** からの発光が起こる．Schiff 塩基 **68** も同様にアニオン **69**，ペルオキシアニオン **70**，そしてジオキセタン **71** を経由して励起ホルムアニリド **72*** を生成し発光する．

　いささか本節のテーマから逸脱したが，ふたたびアクリジニウム塩の発光に話を戻す．次の発光基質は図 5.26 に示す **73** のような構造をしている．9-位には優れた脱離基 L をもったカルボニル基（活性エステル）が付いていて，これが鍵となる．アクリジニウム塩 **73** はまず H_2O_2 あるいは HO_2^- の求核攻撃を受けてヒドロペルオキシアクリダン **74** を生成する．アクリダン **74** のヒドロペルオキシ基がカルボニル基を分子内攻撃し，L が脱離するとジオキセタノン

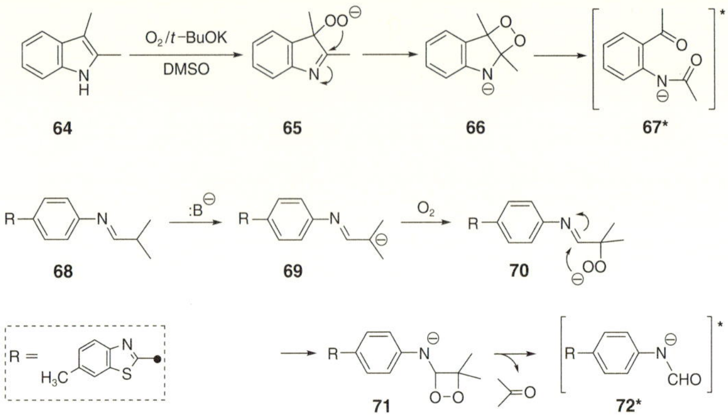

90   第5章 化学発光

図 5.25　ジメチルインドールと Schiff 塩基の発光

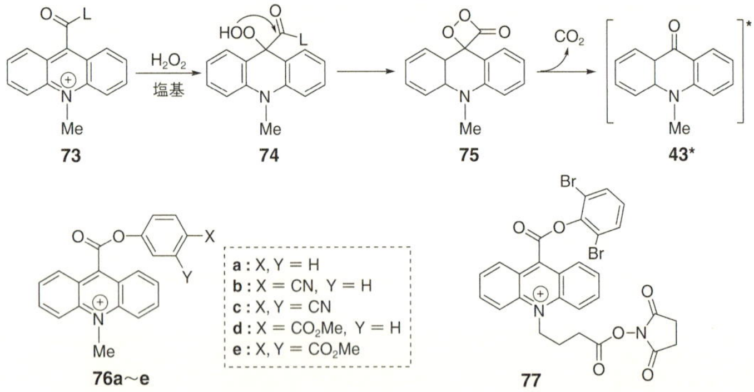

a : X, Y = H
b : X = CN, Y = H
c : X, Y = CN
d : X = CO₂Me, Y = H
e : X, Y = CO₂Me

図 5.26　9-位に活性エステルの付いたアクリジニウム塩の発光

75 が生成する．不安定な **75** はただちに分解して励起アクリドン
43* を与え発光する．さまざまな発光基質が合成されているが図
5.26 の **76** のように脱離基 L としては置換フェノキシ基がもっぱら
用いられている．フェノキシの置換基 X や Y として電子求引性の

コラム⑫

分子ビーコン

　ヘアーピンプローブは3',5'両端で相補的なステムシークエンスによってヘアーピンループ構造をとっている一本鎖DNAであって，分子ビーコンでは，その5'末端にはレポーター分子（蛍光性分子や発光分子）が，3'末端にはクエンチャー（消光）分子が付いている．ループは標的DNAのシークエンスと相補的な一本鎖DNA配列をしている．プローブがヘアーピン構造のときには，レポーターとクエンチャーが接近しているため，レポーターからの光は消光される．プローブが標的DNAと特異的にハイブリダイズ（相補的に複合体化）すると，ヘアーピンは開いて3',5'末端が離れる．レポーターからクエンチャーが離れるので，もはやレポーターからの光は消光されない．下図にはH₂O₂により発光するアクリジニウム誘導体をレポーターとする例を示す．

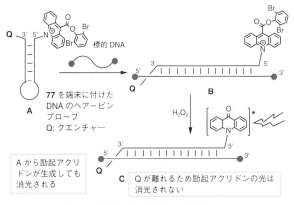

図　アクリジニウム誘導体の化学発光を利用した分子ビーコン

92　第 5 章　化学発光

CN や CO$_2$Me が効果的である．**76a**（X, Y＝H）は塩基性条件での
み H$_2$O$_2$ と反応し発光するのに対し，**76c**（X, Y＝CN）などは中性
条件で発光する．

　図 5.26 の **77** ではタンパク質などと結合できるような *N*−ヒドロ
キシスクシンイミドエステルの付いたリンカーが 10−位窒素に付い
ていて，たとえば一本鎖 DNA の 5'−末端に **77** を結合させたヘアー
ピンプローブによる分子ビーコンが開発されている（コラム 12 参
照）．標的 DNA とハイブリダイズさせ塩基性条件で酸素と反応さ
せると，標的 DNA を捕捉した **77** のみが発光する（ヘアーピンの
状態の **77** からの発光は消光される）．

　図 5.27 に示すように，アクリダンの 9−位に活性エステルを結合
させた化合物 **78** も作り出されている．アクリダン **78** は化学発光
基質の前駆体であって，まず酸化によりアクリジニウム塩 **79** とす
る．アクリジニウム塩 **79** はすでに説明した反応（図 5.26）と同様
にジオキセタノン **80** を経て励起アクリドン **81***を生成し発光する．

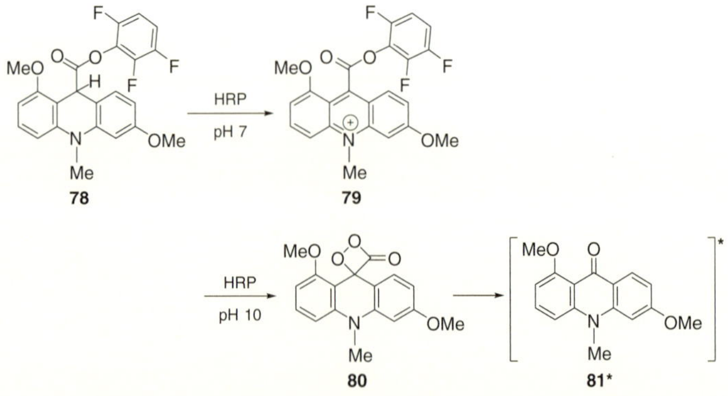

図 5.27　pH 依存性の二段階酸化反応によるアクリドンの発光

酸化酵素 HRP（西洋ワサビペルオキシダーゼ）を用いると **78**
→ **79** の酸化は pH 7 で起こり，**79** → **80** → **81*** →（発光）の酸化反
応は塩基性条件（pH 10）ではじめて起こる．すなわち，**79** を中性
条件下でまず蓄えたのち反応系を pH 10 にして一挙に発光させる．
このようにして，ごく微量（> 0.1 amol）の HRP を検出できる．

5.5　過シュウ酸エステルによる発光

　夏の花火大会や祭りの夜店で発光するリングやカチューシャの売
られているのを目にし，暗くしたコンサート会場で黄色，青やピン
クに光るライトスティックの振られているのをテレビなどで観たこ
とのある人は多いだろう．"ケミカルライト"（商品名：サイリュー
ム，ルミカライト）といわれるもので，シュウ酸誘導体と過酸化水
素 H_2O_2 との反応による過シュウ酸エステル化学発光（peroxyoxa-
late chemiluminescence：PO–CL）である．PO–CL の大きな特徴は
反応系に加える蛍光色素を選ぶことにより，発光の色調を紫外領域
から赤外領域まで変えられることと，生物発光やジオキセタン型化
学発光に匹敵するほど発光効率が高いことにある．このような利点
に加えて安価であることから PO–CL 系の化学発光は炎のない冷た
い光の必要なエンターテインメント，魚釣り，潜水，探鉱などでの
光源や蛍光色素，金属イオン，H_2O_2 の高感度定量分析のためのツー
ルとして幅広く利用されている．

5.5.1　過シュウ酸エステル化学発光の概観
　Chandross は含水ジオキサンやジメチルホルムアミド中でシュウ
酸クロリド $(COCl)_2$ と H_2O_2 を反応させると青白く弱く光ること，
そしてアントラセンなどの蛍光色素を加えると強い発光の見られ

コラム 13

ケミカルライトと化学発光の理科演示実験

"ケミカルライト"は図のようにガラス製のアンプル(B)を内蔵したポリエチレン円筒容器(A)からできている.容器(A)には活性シュウ酸エステル(たとえばTCCPO)と蛍光色素(Flu)をジブチルフタレートに溶かした溶液が入っている.アンプル(B)には過酸化水素と塩基触媒であるサリチル酸テトラブチルアンモニウム(TBAS)を3-メチル-3-ペンタノールに溶かした溶液が入っている.使用時に容器(A)を曲げて中のアンプル(B)を割ると,両液が混ざり合って発光反応が開始される.数時間は十分に発光反応が持続する.用いる蛍光色素(Flu)とその発光色については本文5.5.1項と図5.28を参照されたい.現在ではさまざまな形状のケミカルライトが市販されているが仕組みは基本的に変わらない.

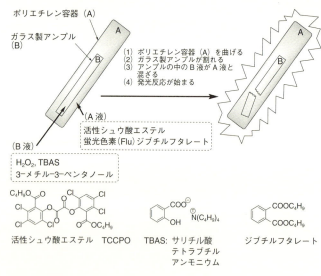

〈理科演示実験〉 代表的な実験の手順を次に示す.

5.5 過シュウ酸エステルによる発光　95

(I−1)　溶液（A），（B）を調整する（ゴム手袋を着用のこと）

溶液（A）：0.2 mol L^{-1} 過酸化水素溶液

500 mL 三角フラスコに t-ブチルアルコール 20 mL とフタル酸ジメチル 80 mL を入れて混合した溶液に，30% 過酸化水素水 2 mL を加えて，ゆっくりフラスコを振って混和する．

溶液（B）：9, 10-ジフェニルアントラセン（2 mmol L^{-1}）溶液

フタル酸ジメチル（10 mL）に，9, 10-ジフェニルアントラセン 6.6 mg を溶かす．

(I−2)　演示実験をする

① 試験管に溶液（B）を 1 mL 取り，これに溶液（A）1 mL を加えて混和する．

② 室内の照明を暗くする．

③ この溶液に TCPO〔シュウ酸ビス(2, 4, 6-トリクロロフェニル)：本文中の図 5.28，**82a**〕を数 mg 加えると青白い発光が生じる．発光の持続時間は 3 分程度である．

（注）溶液（B）の蛍光色素を変えることにより，違った色の発光が観察される．たとえばルブレンなら黄色，ピオラントロンなら赤色の発光（本文中の図 5.28 参照）．演示実験のスケールは生徒の人数と教室の大きさに合わせて大きくすればよい．

危険性：30% 過酸化水素水：皮膚や目につけないよう注意する．もし，付いたときにはただちに水でよく洗い流す．可燃性のものを接触させない．ほこりなどのいかなる汚染も避ける．

廃棄：実験で用いた溶媒は，廃溶媒容器に捨てる．

＊実験の指針は，Z. Shakhashiri, "Chemical Demonstrations: A Handbook for Teachers of Chemistry", vol. 1, the University of Wisconsin Press（1983）；池本勲 訳『教師のためのケミカルデモンストレーション 2　化学発光・錯体』，丸善出版（1997），今井一洋 編，『生物発光と化学発光－基礎と実験』，廣川書店（1988），今井一洋，近江谷克裕 編著『バイオ・ケミルミネセンスハンドブック』，丸善出版（2006）を参考にして化学発光研究の視点から作成した．

ることを 1963 年に発見した．しかし（COCl）$_2$ は湿気で容易に分解し刺激性で沸点が低いなどの点からきわめて取り扱いにくい．Rauhut らは（COCl）$_2$ の代わりに取扱いの容易なフェノール型の活性シュウ酸エステル **82** を用いる実用的な化学発光系を開発した（コラム 13 参照）．

　PO–CL 反応の全体像を図 5.28 に示す．蛍光色素（Flu）の存在下，（COCl）$_2$ や活性シュウ酸エステルを H$_2$O$_2$ と求核性の塩基触媒（サリチル酸塩やイミダゾール）を用いて反応させると強い発光が起こる．ただ PO–CL 反応では過シュウ酸エステル **83** から生成する励起化学種 X が発光するのではなく，反応の過程で生成する励起状態の蛍光色素 Flu* が失活するときに光を放つ．この一連の反応によりシュウ酸骨格－COCO－から生成する化学種は 2 分子の炭酸ガス CO$_2$ である．

　活性シュウ酸エステル **82** としては安定で取り扱いやすいうえに求核試薬と素早く反応するものが望ましく，代表的なものとして図 5.28 に示すフェノール類のシュウ酸エステル **82a〜d** がある．また図 5.28 には代表的な蛍光色素を示す．

5.5.2　過シュウ酸エステル化学発光のメカニズム

　PO–CL は反応に関わる試薬の多さからも想像できるように複雑である．多段階の素反応より成り立っているうえに蛍光色素 Flu へのエネルギー移動過程を含んでいる．さらに反応の過程で生成する高エネルギー中間体も単一ではなさそうである（後述）．しかし PO–CL 反応は整理すると次の 4 つの段階に分けられる（図 5.28 参照）．

　（1）活性エステル **82** の求核性塩基による置換

　（2）それに続く H$_2$O$_2$ との反応による過シュウ酸エステル **83** の

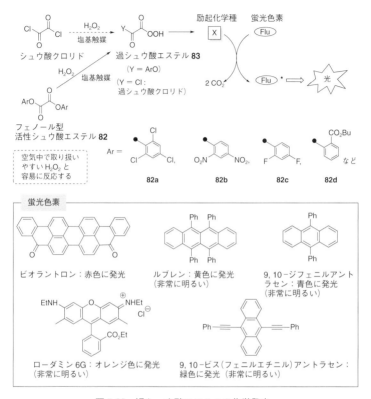

図 5.28 過シュウ酸エステルの化学発光

生成
(3) 過シュウ酸エステル **83** からの高エネルギー中間体 X の生成
(4) 一重項励起状態の蛍光色素 Flu* の生成と発光

なお，(1) と (2) のステップについては，H_2O_2 の濃度が高い場合には，H_2O_2 と活性エステル **82** から過シュウ酸エステル **83** が直

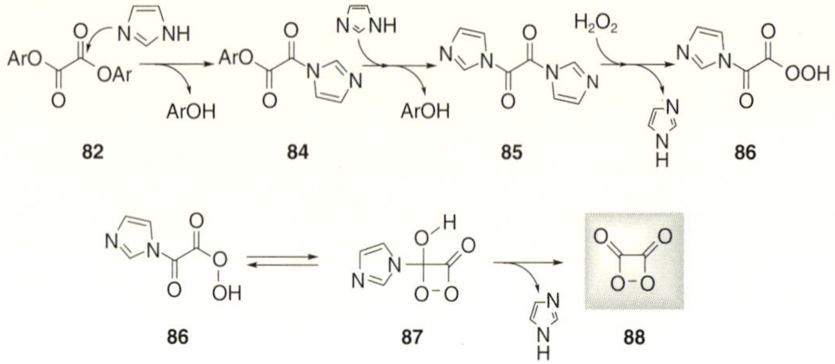

98   第 5 章   化学発光

図5.29　活性シュウ酸エステル（アミド）と過酸化水素の反応による高エネルギー中間体の生成メカニズム

接生成する反応も併発する.

　イミダゾールを塩基触媒とし低濃度の H_2O_2 を用いる反応を取り上げ, 高エネルギー中間体の生成メカニズムを説明する（図5.29）. イミダゾールは PO–CL の機構的研究において, 再現性のある結果が得られることから, 塩基として最もよく用いられている. PO–CL 反応は下記 (1)〜(4) に示すように逐次的に進む.

(1) まずイミダゾールが活性エステル **82** を 2 段階で求核攻撃してオキサリルジイミダゾール **85** を生成する. 最初のイミダゾールの攻撃による **84** の生成反応が律速である.

(2) イミダゾールのアシストで H_2O_2 が **85** を攻撃して過シュウ酸アミド **86** が生成する.

(3) 過シュウ酸アミド **86** が閉環すればジオキセタノン **87** となる.

(4) ジオキセタノン **87** からイミダゾールが脱離して高エネルギー中間体であるジオキセタンジオン **88** が生成する.

　なお, 速度論的研究からジオキセタンジオン **88** だけでなくジオキセタノン **87** も高エネルギー中間体であるとされている. そのほ

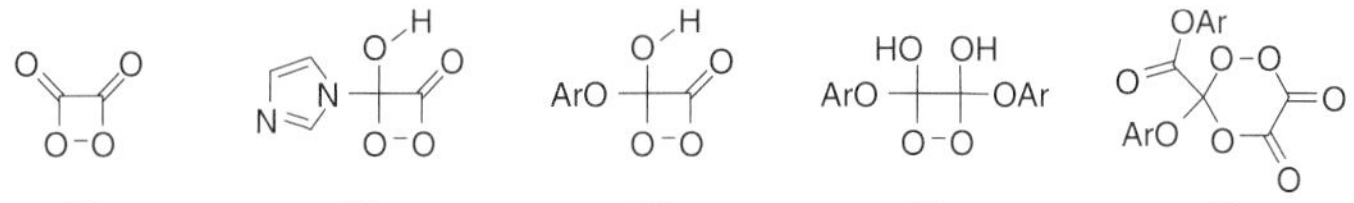

5.5 過シュウ酸エステルによる発光 99

図 5.30 過シュウ酸エステル化学発光における高エネルギー中間体

かに活性エステル **82** と H_2O_2 から生成する環状ペルオキシド **89**〜**91** を高エネルギー中間体とする説もある（図 5.30）．これらのうちジオキセタンジオン **88** が最有力な高エネルギー中間体である．

図 5.29 の反応系に蛍光色素を加えないでおくと，かなり長寿命の高エネルギー中間体が壊れずに生きていて，揮発性のあることがわかっている．たとえば，アントラセンをしみ込ませた沪紙を反応液上に曝すと発光が見られることが報告されている．また反応で生成するガスを直接に質量分析装置にかけて C_2O_4 とフラグメントイオン CO_3 を検出したという報告がある．揮発性の高エネルギー中間体はおそらくジオキセタンジオン **88** である．

高エネルギー中間体が生成したのち励起状態にある蛍光色素 Flu* はどのように生成するのか？　高エネルギー中間体の分解で励起 CO_2 が生成し，そのエネルギーを受け取った Flu が発光するのではない．PO-CL は Flu が触媒する高エネルギー中間体の分解による発光であって，ただ一つの高効率な分子間 CIEEL（コラム 5 および第 6 章参照）による発光系である．

ジオキセタンジオン **88** を例にすると，高エネルギー中間体の分解と Flu の励起は次のように起こると説明されている（図 5.31）．ジオキセタノン **87** や **89** でも同様に考えてよい．

(1) まず高エネルギー中間体 **88** と蛍光色素 Flu が電荷移動錯体 **92** を形成する．

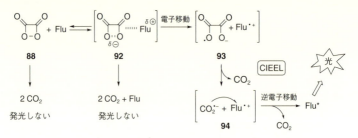

図 5.31 分子間 CIEEL による過シュウ酸エステル化学発光

(2) Flu から電子を受け取った **88** は O−O 結合の開裂によりラジカルイオン対 **93** となる.
(3) **93** から CO_2 が抜けてラジカルアニオン $CO_2^{\bullet -}$ とラジカルカチオン $Flu^{\bullet +}$ の対 **94** となる.
(4) **94** の消滅過程でラジカルアニオン $CO_2^{\bullet -}$ からラジカルカチオン $Flu^{\bullet +}$ への逆電子移動(back electron transfer:BET)により,励起状態の蛍光色素 Flu* が生成し,光を放って失活する.

このような発光に至る経路のほか,**88** がそのまま 2 個の CO_2 に分解する経路や,電荷移動錯体 **92** が電子授受をすることなく分解してしまう経路があり,これらは発光につながらない.

5.5.3 活性シュウ酸誘導体

PO–CL は t-ブチルヒドロペルオキシドのような H_2O_2 以外の過酸化物でも発光がみられるが効率は 1/1000 以下であり,酸化剤としては H_2O_2 に限ってよい.前項で述べたように PO–CL 反応は活性シュウ酸エステルと H_2O_2 の塩基触媒反応から始まる.PO–CL の効率は活性シュウ酸エステルなどの活性シュウ酸誘導体の構造や触媒となる塩基に大きく影響されるほか,反応溶媒,pH,加える蛍光

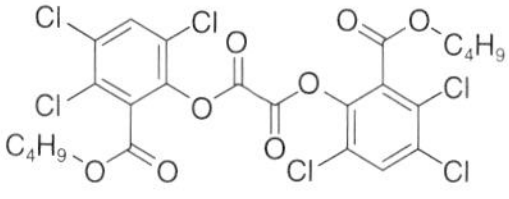

図 5.32 さまざまな活性シュウ酸エステルと活性シュウ酸アミド

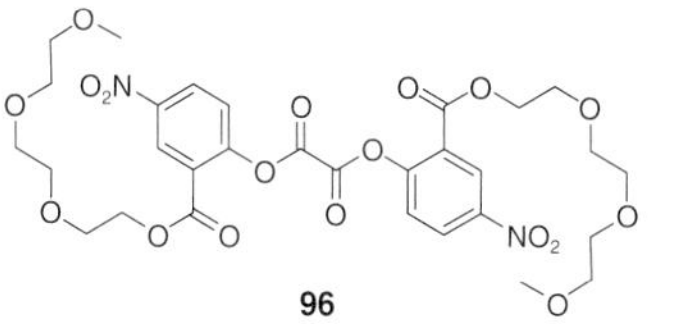

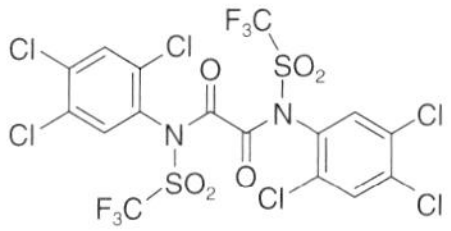

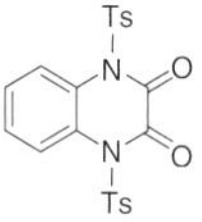

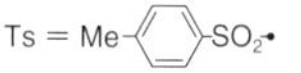

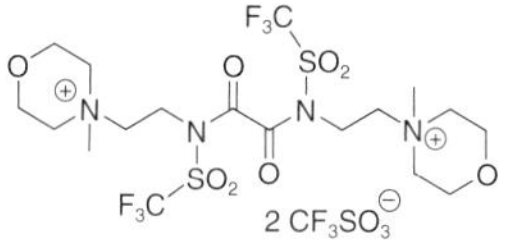

色素など，さまざまな要因に影響される．塩基触媒としては種々検
討されているが，イミダゾールがとりわけ効果的である．PO–CL
反応は中性から弱塩基性で最も効率よく発光する．PO–CL は水溶
液中での発光効率が概して低く，非極性有機溶媒中での反応は効果
的であり，高い発光効率が望める．また蛍光性のある物質は何でも
といってよいほど光るという，ほかには例をみない利点をもってい
る．

　このような PO–CL の特徴を知ったうえで，いろいろな用途に適
した活性シュウ酸誘導体が開発されている．活性シュウ酸エステル
の一つである TCPO **82a** は安価なこともあり，理科の発光演示実
験（コラム 13 参照）で用いられるが，ケミカルライトの材料とし
てはさらに工夫された図 5.32 の TCCPO〔シュウ酸ビス(2,4,5-トリ
クロロ-6-カルボブトキシフェニル)〕**95** のような化合物が使われ
ている．

　PO–CL の重要な用途の一つに HPLC（高速液体クロマトグラ
フィー）による微量物質の分離，検出と定量分析（発光分析）があ

102   第5章　化学発光

る．環境汚染の原因となる蛍光色素やわれわれの体内に入った蛍光
性の薬物が対象となるほか，非蛍光性の物質も蛍光性のマーカーを
付けることにより検出，定量できる．もう一つは，グルコースオキ
シダーゼのような酸化酵素が産生する H_2O_2 を定量するのに PO–CL
を利用する化学発光イムノアッセイ法がある．いずれも水や水との
混合有機溶媒系に溶けやすく発光効率の優れた活性シュウ酸エステ
ルが望まれ，図5.32中の **96** のようなエステルが開発されている．

　さらにエステルに代わってさまざまな活性シュウ酸アミドが作り
出されている（図5.32）．シュウ酸アミドから置換アミノ基が脱離
しやすいように，窒素原子にはトリフルオロメタンスルホニル基や
p–トルエンスルホニル基などの強力な電子求引基が付けられてい
る．アミド **97** は蛍光色素として 9, 10–ビス（フェニルエチニル）ア
ントラセン（図5.28）を用いたとき緑色に発光し，効率は $\Phi_{CL}=$
34% に達する．化成品や薬品原料となる市販の 2, 3–ジヒドロキシ
キノキサリンを N–トシル化した環状シュウ酸アミド **98** も知られ
ている．さまざまな水溶性の活性シュウ酸アミドも開発されてい
て，アミド **99** は最も発光効率のよい PO–CL 発光基質の一つであ
る．

第6章

生物に学んだジオキセタンの化学発光

6.1 ジオキセタンの誕生と高効率化学発光基質への道のり

化学発光基質ジオキセタンは「手に取ることができる高エネルギー中間体」そのものであり，その構造を化学的にきっちりと調べることが可能な唯一の生物発光や化学発光の高エネルギー中間体である．ルミノールやルシゲニンなど偶然の機会に発見された化学発光基質と異なり，生物発光の研究から構造を予想して生み出されたのがジオキセタンである．

ホタルの化学的な研究は Harvey による L–L 反応の発見（1917年）に始まる半世紀に及ぶ蓄積のうえに，20世紀半ばに著しい進展がみられた．McElroy らにより 1957 年にホタルルシフェリンが結晶化され，1961 年に White らによりその構造が決定された．一方，ウミホタルルシフェリンは 1957 年に下村らにより結晶化され，1966 年に岸らにより構造決定された．この間にホタルやウミホタルのオキシルシフェリンの構造も決定された．ほぼ同じ時期にオワンクラゲの発光タンパク質イクオリンやセレンテラジンも見つけられている．これらを機に酸素同位体 ^{18}O の L–L 反応への取込み実験など，さまざまな発光のメカニズムに関する研究が一挙に進んだ．その結果，図 6.1 に示すように，四員環ペルオキシドであるジオキセタノン（ジオキセタンのオキソ体）がホタルやウミホタルの発光

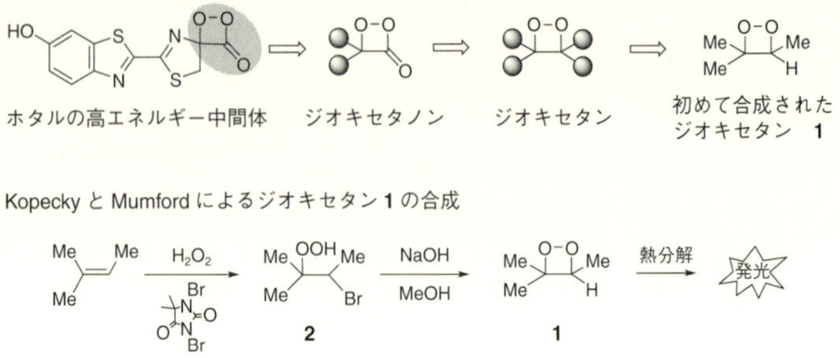

104　第6章　生物に学んだジオキセタンの化学発光

ホタルの高エネルギー中間体　　ジオキセタノン　　　ジオキセタン　　　初めて合成された
　　　　　　　　　　　　　　　　　　　　　　　　　　　　　　　　　　　ジオキセタン　**1**

Kopecky と Mumford によるジオキセタン **1** の合成

図 6.1　ホタルの発光メカニズムからジオキセタンへ

　の高エネルギー中間体と考えられるようになった．しかしこれらの
高エネルギー中間体はいまだに誰一人手にすることができない想像
上の化合物である．こうなると人の手でジオキセタンを合成し発光
させ，化学的にいろいろと調べてみたいと思うのが化学者である．
　人が手にした最初のジオキセタンはトリメチルジオキセタン **1**
である．Kopecky と Mumford は 1968 年に図 6.1 のようなブロモヒ
ドロペルオキシド **2** の分子内閉環反応でジオキセタン **1** を合成し，
それが熱分解により 430〜440 nm の微光を発すること，そしてア
ントラセンやピレンを添加すると発光が増強されることを発見し
た．
　初のジオキセタンが誕生してから 10 年ほどの間に多数のジオキ
セタンが生み出されたが，どれ一つとして効率よく発光するものは
見つからなかった．ジオキセタンを加熱すると 2 個のカルボニル分
子に分解し，かなり良好な効率で化学励起が起こる．しかし例とし
て図 6.2 に掲げたジオキセタン **1**，テトラメチルジオキセタン
（TMDO）**3** やビスアダマンチリデンジオキセタン **4** にみられるよ
うに，単なる熱分解において生成するのはおもに三重項励起状態

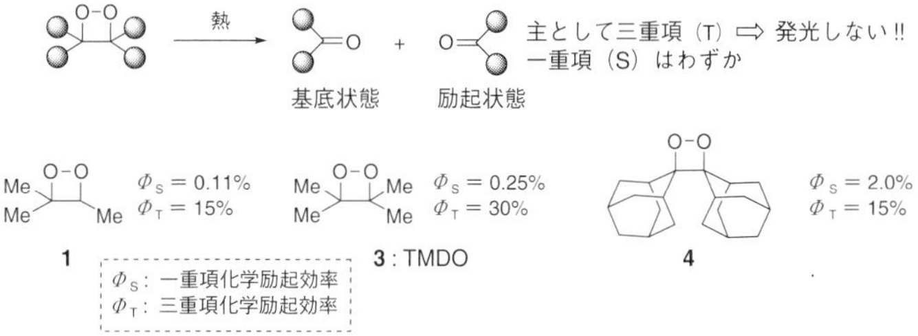

6.1 ジオキセタンの誕生と高効率化学発光基質への道のり *105*

図 6.2 ジオキセタンの熱分解による三重項励起分子の生成

（T）のカルボニルであり，発光につながる一重項励起状態（S）の
カルボニルはほとんど生成しない.

　分子を基底状態から一重項励起状態（S）に持ち上げるには三重
項励起状態（T）にするよりも多くのエネルギーを必要とする．ジ
オキセタンの熱分解では一重項励起状態を作り出すほどのエネル
ギーが産み出されないのではないか？　という疑問が生じる．答え
は否である．ジオキセタンが熱により 2 個のカルボニル化合物に分
解するとき，どれくらいのエネルギーが放出されるかを図 6.3 に示
す．例にした TMDO **3** の分解では 2 分子のアセトンが生成する．
TMDO の熱分解に必要な活性化エネルギーは 105 kJ mol^{-1}，そして
分解で放出されるエネルギー（反応熱）は 255 kJ mol^{-1} と見積も
られている．したがって遷移状態からは 360 kJ mol^{-1} のエネルギー
が開放される．これはアセトン 1 分子を一重項励起状態に持ち上げ
る（350 kJ mol^{-1}）のに十分な大きさである．しかし，実際は
TMDO の熱分解では三重項化学励起が $\Phi_T = 30$ % の効率で起こるの
に対し，一重項化学励起効率 Φ_S はその 1/120 にすぎない.

　このようにジオキセタンは発光を起こすのに十分なエネルギーを
内包しているにもかかわらず，生物のようには効率よく発光しな

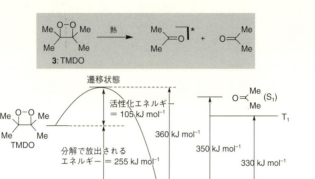

図 6.3 ジオキセタンの熱分解により獲得しうるエネルギーと励起カルボニルの生成に必要なエネルギー

い.このことが長らく大きな謎でありジレンマであった.状況を打破するきっかけとなったのが Schuster らにより提案された CIEEL 機構と Schaap らにより見出された電子供与性の芳香族置換基からジオキセタンへの分子内電荷移動に誘発される発光分解である.CIEEL 機構についてはコラム 5 を参照されたい.また分子内 CIEEL については後ほど詳しく述べる.

Schaap らは図 6.4 に示すジオキセタン **5** が熱分解により 22% の効率で一重項励起分子 **6*** を生成することを発見した(1979 年).電子供与性の p-ジメチルアミノフェニル基からジオキセタン環への分子内電荷移動により分解が誘発され,一重項化学励起が効率よく起こるという最初の例である.

図 6.5 に示すジオキセタン **7** は塩基処理によりフェノール性置換基をフェノキシドアニオン型 **8** にすると不安定になり,即座に分

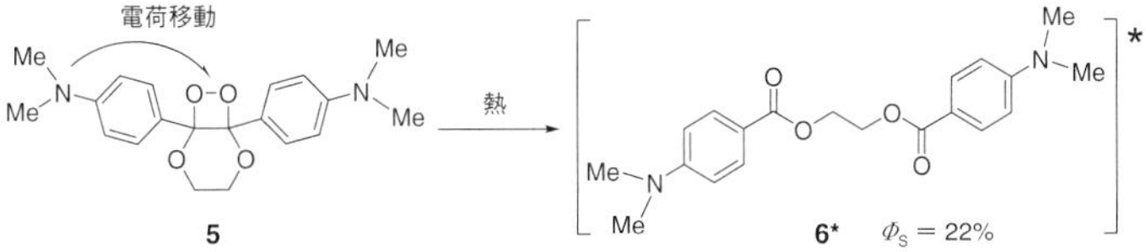

6.1 ジオキセタンの誕生と高効率化学発光基質への道のり 107

図 6.4 ビス(p-ジメチルアミノフェニル)ジオキセタンの熱分解による一重項
化学励起

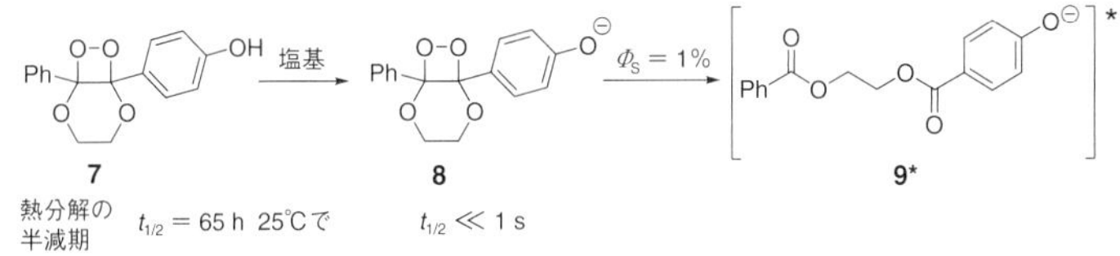

図 6.5 フェノキシド置換ジオキセタンの電荷移動に誘発される発光分解

解して励起エステル **9*** を生成する．このときの一重項化学励起効率 Φ_S は 1% と決して高くはないが，**7** の無触媒での熱分解では Φ_S =0.006% 程度であるから，塩基誘発分解により Φ_S が著しく向上するといえる．

ジオキセタン **7** の発光反応は「そのままでは電子供与能の乏しいフェノールを優れた電子供与体であるフェノキシドアニオンにすると，電荷移動に誘発されたジオキセタンの分解が起こり発光する」ことを初めて実証した点に大きな意義がある．これは "望むとき（オンデマンド）" に光らせることのできるプレチャージ型化学発光基質への展開の第一歩となった（1982 年）．さらに 7 年ほどの歳月を経て，非水溶液系ではあるが生物発光に匹敵する発光効率をもつジオキセタンが登場する．

ジオキセタン **7** ではフェノールのパラ位にジオキセタン環が結合していた．ところがフェノールのメタ位にジオキセタン環を結合

108 第6章 生物に学んだジオキセタンの化学発光

させると発光効率は劇的に向上し，生物発光に匹敵するものとなる．最初の例がシリル基で保護された *m*-オキシフェニルジオキセタン **10a** である（図6.6）．DMSO中，強塩基のフッ化テトラブチルアンモニウム（TBAF）で処理すると，即座に脱保護されてオキシドフェニル置換体 **11** となり，一重項励起 *m*-オキシドフェニル安息香酸メチル **12*** を生成し，明るい青色のフラッシュ光を発する（$\lambda_{max}=470$ nm，$\Phi_{CL}=25\%$，$t_{1/2}=5$ s）．保護基をかけていないジオキセタン **10b** や双環性ジオキセタン **14a**，**14b** も高効率で発光する．今日ではジオキセタン **10** のリン酸エステル体 **13**（AMPPD®）やその後に開発されたジオキセタン **14c**（DIFURAT®）は臨床検査や生化学分野での迅速高感度発光分析のための試薬として実用化されている．

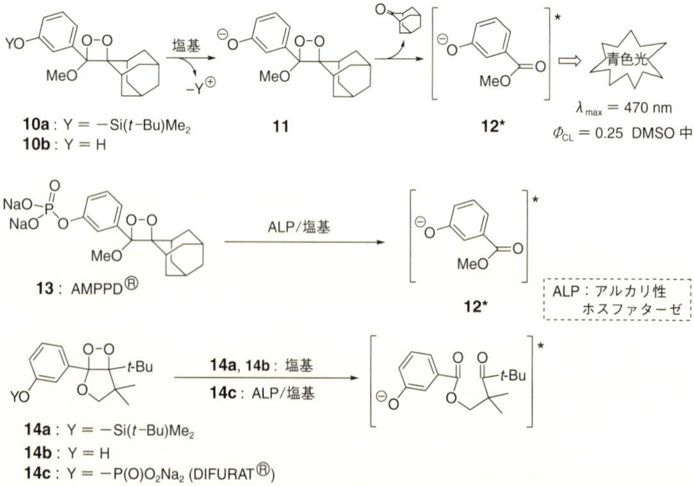

図6.6 *m*-オキシフェニル置換ジオキセタンの高効率発光

6.2 ジオキセタンの熱分解と三重項化学励起　*109*

　ここまで述べてきたように，生物に学ぶことから始まったジオキ
セタンの発光は今では生物発光に匹敵する効率を実現できるように
なっている．

6.2　ジオキセタンの熱分解と三重項化学励起

　ホタルなど生物の発光の高エネルギー中間体であるジオキセタン
は不安定で，誰も手にすることができない．合成されたジオキセタ
ンにも不安定で冷蔵庫中でも保存できないものがある．その一方
で，数十年室温で放置しても壊れないものがある．優に100億倍
にも及ぶ熱安定性（室温での半減期）の違いがジオキセタンのどの
ような構造の違いに基づくのか，そしてジオキセタンの熱分解では
なぜ三重項化学励起が一重項化学励起に優先して起こるのであろう
か？

　ジオキセタンの化学励起メカニズムを解き明かそうという研究に
加え，高効率な化学発光基質を創出するための基礎検討として数多
くのジオキセタンの熱安定性が調べられている．その結果，ジオキ
セタンの構造と熱安定性との相関について経験的に次のようなこと
がわかっている．

(1) 熱安定なジオキセタンの代表であるビスアダマンチリデンジオ
　　キセタン **4** では，図6.7のように2個のアダマンタン環にある
　　水素がお互いにかみ合い，ジオキセタン環の捻じれ切れを抑え
　　ている．

(2) アルキル置換ジオキセタンでは置換基の数が多いほど，そして
　　かさ高いほどジオキセタンは概して熱安定になる．

(3) 双環性ジオキセタンであるシクロペンタジオキセタン **15** は非
　　環式アルキル置換体，3,4-ジメチルジオキセタンや3,4-ジエ

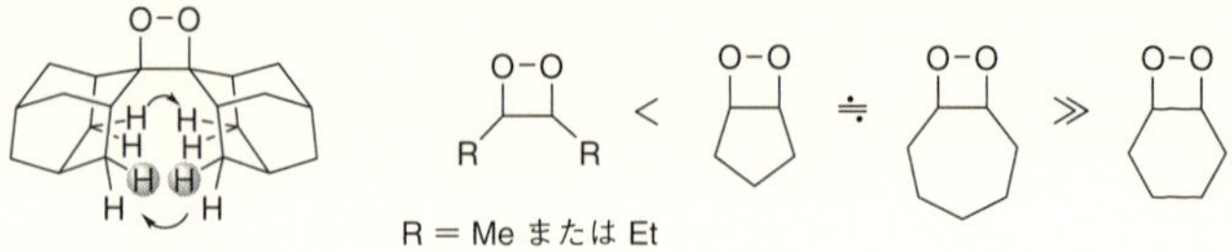

110　第6章　生物に学んだジオキセタンの化学発光

	4	R = Me または Et **15**	**17**	**16**
$\Delta G^{\ddagger}/\mathrm{kJ\ mol}^{-1}$	138	100〜101 　103	103	94

図 6.7　ビスアダマンチリデンジオキセタンと双環性ジオキセタン

　チルジオキセタンより安定であるが，シクロヘキサ体 **16** は逆に不安定になる．シクロヘプタ体 **17** の安定性は **15** と同等である．

　上記（1）〜（3）の経験則について 20 種弱のジオキセタンを取り上げ，ひと目でわかるようにしたのが図 6.8 である．図 6.8 では，熱分解反応の活性化自由エネルギー$\Delta G^{\ddagger}$を熱安定性の指標とし，かなりの乱暴さを承知のうえで，置換基のかさ高さを表す指標として A 値（Winstein-Holness の A 値）[†] を用いている．ジオキセタンの置換基のかさ高さには加算性があるものとして，加算した A 値と $\Delta G^{\ddagger}$ を見比べると両者には良い相関が認められる．置換基の数が多いほど，そして置換基がかさ高いほどジオキセタンの熱安定性の増すことがわかる．ジオキセタン環に付いた置換基が C-C 結合軸まわりの捻じれを抑えているのである．

　一方，上記（3）に記した双環性ジオキセタン **15** では，シクロペンタン環が "壁（wall）" となって O-O の捻じれ切れを抑えている（壁効果，wall effect）．ジオキセタン **18** のように置換基をさらに加えると安定性が増す（図 6.8, 6.9）．ジオキセタン **19a〜d** や **20a〜d** のテトラヒドロフラン環も "壁" の役割を果たしている．一方，シクロヘキサン環はもともと大きな二面角をもっていてジオキセタン環に逆に大きな捻じれをもたらし，シクロヘキサ体 **16** を

6.2 ジオキセタンの熱分解と三重項化学励起　*111*

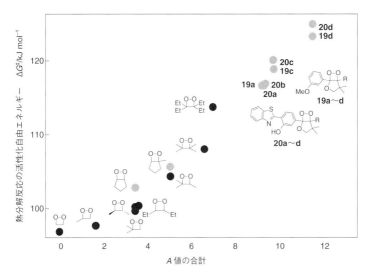

図6.8　ジオキセタンの熱安定性と置換基のかさ高さとの相関

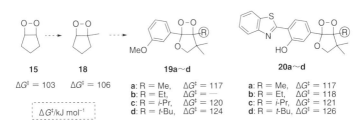

図6.9　テトラヒドロフラン環と縮環したジオキセタン

不安定化させている．

　上に述べたようなジオキセタンの熱安定性についての経験則と速度論的研究から，ジオキセタンの熱分解は協奏的な反応ではなくO–O結合の切断から始まる段階的な反応と考えられている．ジオ

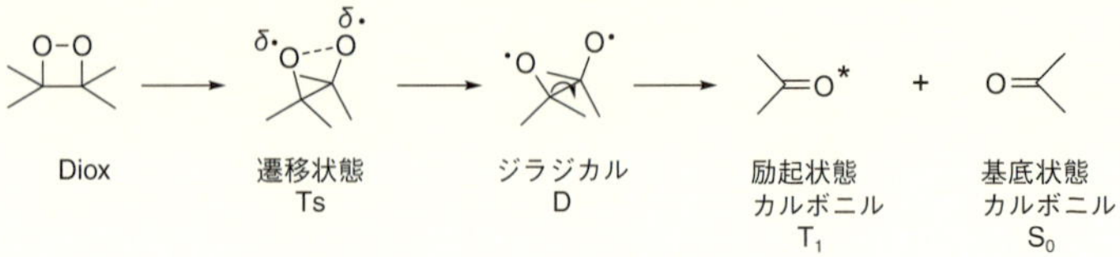

112   第6章　生物に学んだジオキセタンの化学発光

図6.10　ジオキセタンの熱分解メカニズム

キセタン Diox の熱分解は次のように段階的に進む（図6.10）.

(1) 環が捻じれ O−O 結合が伸びた遷移状態 Ts を経て，最も弱い O−O 結合がまず切断され，•O−C−C−O• 型のジラジカル D を生成する.

(2) 次いでジラジカル D の C−C 結合が切れておもに三重項励起（T_1）カルボニルと基底状態（S_0）のカルボニルを生成する.

それでは三重項化学励起はどのように起こるのか？　さまざまな理論的研究が行われてきているが，大筋は図6.11に示すようになる．図にそって三重項化学励起メカニズムについて説明する.

(1) ジオキセタン Diox(S_0) は捻じれ切れを起こし，•O−C−C−O• 型のジラジカル D を生成する．このとき，活性化エネルギー $E_{a_1}^{\ddagger}$ を獲得して遷移状態 Ts に達し反応座標に沿って右に進む（図6.11中の実線）.

(2) ジラジカル D の二面角が次第に広がり（この間 C−C 結合距離はほとんど変化しない），ある角度で C−C 結合距離が急激に伸びて2個のカルボニルに分解する.

(3) 2個のカルボニルに分解する直前に，ジラジカル D のエネルギー曲線（図6.11中の実線）と仮想の三重項励起ジオキセタン（T_1）のエネルギー曲線（図6.11中の点線）が P 点の近くでオーバーラップしている．ここでジラジカル D は点線のエ

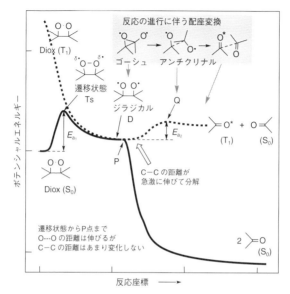

図6.11 ジオキセタンの熱分解による三重項化学励起メカニズム

ネルギー曲線に乗り換える．乗り換えなければ化学励起は起こらない．

(4) このまま点線のエネルギー曲線に沿って右に進み，活性化エネルギー$E_{a_2}^{\ddagger}$を獲得してQ点のエネルギー障壁を乗り越え分解し，三重項励起カルボニル（T_1）と基底状態カルボニル（S_0）を生成する．Q点のエネルギー障壁はジラジカルDのC–C結合軸まわりでの配座変化〔ゴーシュ（P点）→アンチクリナル（Q点）〕に伴うエネルギー障壁をイメージすればよい（図6.11右上の式を参照）．

(5) 仮想の一重項励起ジオキセタンのエネルギー曲線はもっと高い

ところにあるため,ジラジカル D の乗り換えはほとんど起こらない.

すでに述べたように三重項化学励起効率はジオキセタン一つひとつで大きく変わる.たとえば TMDO では $\phi_T = 30\%$ であったが無置換体の ϕ_T はその 1/150 にすぎない.この違いは 2 番目のエネルギー障壁（Q 点）をうまく越えられるかどうかによると説明される.Q 点を越えられないとエネルギー曲線上を左に戻り P 点から実線の曲線上に移り S_0 に落ちる.

6.3 電荷移動により誘発されるジオキセタンの発光分解

ジオキセタンが高効率化学発光基質として発展する大きなきっかけとなったのが CIEEL メカニズムの考え方であると 6.1 節で述べた.この考えをジオキセタンの分解による化学励起に当てはめたのが分子間 CIEEL（図 6.12）と分子内 CIEEL（図 6.13）である.まず分子間 CIEEL から説明しよう.

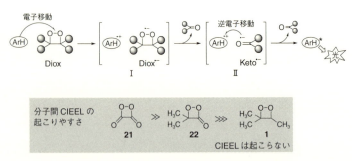

図 6.12　ジオキセタンの分子間 CIEEL による発光

〈分子間 CIEEL〉 図 6.12 に示すように，ジオキセタン Diox の分解において電子供与体となる芳香族炭化水素 ArH が共存すると，

(1) ArH から Diox への電子移動が起こり，ラジカルイオン対 I（ArH•+Diox•−）が生成する．

(2) 電子を受け取った Diox•− は不安定になり，中性のカルボニルとラジカルアニオン Keto•− に分解する．

(3) 中性のカルボニル分子が抜け去ってラジカルイオン対 II（ArH•+Keto•−）が生成する．

(4) II の Keto•− から ArH•+ への逆電子移動により励起状態の ArH*と中性のカルボニル分子が生成する．

(5) ArH*は光を放って基底状態に戻る．

(6) CIEEL の一連の反応は溶媒ケージ†の中で進む．したがって，対 I や II を形成しているラジカルイオンの一つが溶媒ケージから逃げ出してしまうと化学励起には至らない．

　分子間 CIEEL の一例がジメチルジオキセタノン **22** の分解である（図 6.12）．ルブレンのような芳香族炭化水素 ArH を共存させて **22** を分解すると反応が促進され ArH の発光が見られる．しかし **1** のような単純なアルキル置換ジオキセタンの熱分解では ArH の触媒作用は認められない．一方，5.5 節で述べた過シュウ酸エステル発光は高エネルギー中間体であるジオキセタンジオン **21** と ArH の間の効率の良い CIEEL によると説明されている．分子間 CIEEL が効率よく起こるには，電子を与えやすい（酸化電位の低い）ArH と電子を受け取りやすい（求電子性の高められた）ジオキセタンの組合せが必要にみえる．

〈分子内 CIEEL〉 図 6.13 に示すように，電子供与体 ArH を置換基 Ar として鎖（たとえばアルキル鎖）を通してジオキセタン環につなげた場合 Case A と，Ar をジオキセタン環に直接つなげた場合

116   第6章　生物に学んだジオキセタンの化学発光

[Case A]　電子供与体 Ar とジオキセタンをアルキル鎖でつなげた場合

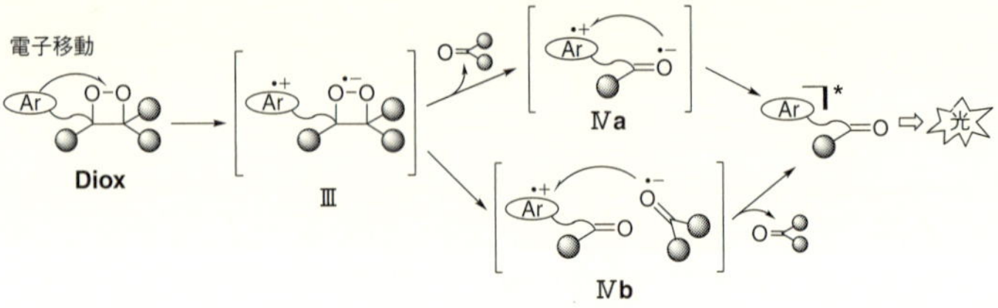

[Case B]　電子供与体 Ar を直接ジオキセタンに結合させた場合

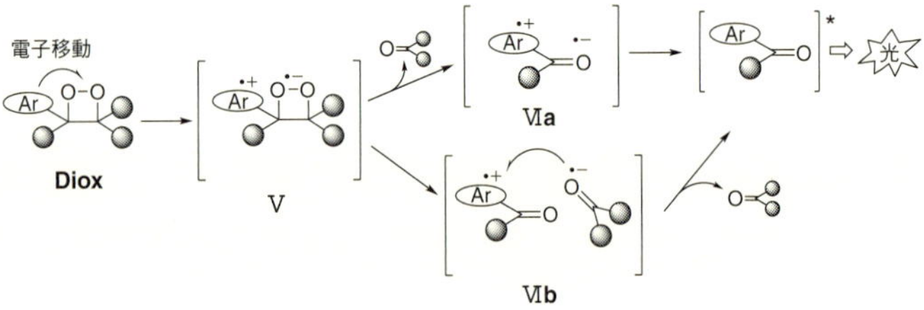

図 6.13　ジオキセタンの分子内 CIEEL による発光

Case B の 2 つがある.

[Case A]　Ar からの電子移動は分子内で起こり，ラジカルイオン
対 Ⅲ が生成する．このあとジオキセタン環が分解しラジカルイオン
対（ArH•+ Keto•−）が生成するが，2 つのカルボニルフラグメント
のいずれがラジカルアニオンになるかにより，分子内の対 Ⅳa あ
るいは分子間の対 Ⅳb となる．分子内の対 Ⅳa ではラジカルイオ
ンが溶媒ケージから逃げ出すことはない．ただ，反応がどちらの対
を経て進んでも発光は励起状態の Ar* から起こる.

[Case B]　反応はラジカルイオン対 V の生成とそれに続くジオキ
セタン環の分解による分子内ラジカルイオン対 Ⅵa あるいは分子間
ラジカルイオン対 Ⅵb を経て進む．Case B ではジオキセタンから

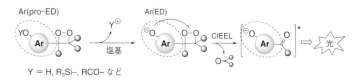

Y = H, R$_3$Si–, RCO– など

図 6.14 "オンデマンド"型オキシフェニル置換ジオキセタン

生じるカルボニルと Ar は一体となって π 共役系 Ar−C=O を形成する．この点が分子間 CIEEL（図 6.12）や Case A の分子内 CIEEL と大きく異なる点である．高効率なジオキセタン型化学発光基質はすべてこのタイプである．また，ホタルなど生物の発光もロフィンやルシゲニンなどアクリジン類の化学発光も同様な Case B の分子内 CIEEL メカニズムによる．

分子間 CIEEL（図 6.12）から類推すると，分子内 CIEEL に対し「電子供与体 Ar（electron donor：ED）が分子内にあればジオキセタンが不安定になり，手にすることが困難ではないのか？」という疑念が生じる．確かにそうである．高効率なジオキセタン型化学発光基質では次のような考えで逆にこれをうまく利用している（図 6.14）．

(1) まず，そのままでは電子供与体とはならない（酸化されにくい）Ar（pro-ED）で置換された"安定な"ジオキセタンを合成する．
(2) Ar(pro-ED) を Ar(ED) に変換（トリガリング）すると，ジオキセタンはただちに分子内 CIEEL によって分解し発光する．

このような Ar(pro-ED) の一つとしてオキシアリール基 YOAr（Y=H あるいは保護基）がある．YOAr が脱プロトン化あるいは脱保護されると優れた電子供与体であるオキシドアリールアニオン⁻OAr となる（図 6.14）．こうして Schaap らにより実現された最初

の高効率化学発光基質が m-オキシフェニル置換ジオキセタン（図 6.6）である．

発光につながる化学励起が一電子移動に誘発されて起こるという CIEEL の考えは生物発光と化学発光の世界で広く受け入れられている．しかし多くの実験や理論計算から，最も重要な分子内 CIEEL Case B（図 6.13, 6.14）は少なくとも「電子供与体からジオキセタンへの部分的な電荷移動から始まる」というように修正を加える必要がある．代表的な (**A**) CIEEL メカニズム, (**B**) CTIL (CT-induced luminescence) などの CT/direct メカニズム, および (**C**) GRCTIL (gradually reversible CT-induced luminescence) メカニズムについて，図 6.15 のオキシドアリール置換ジオキセタン **23** を例にして話を進める．

オキシアリール（YOAr）置換ジオキセタン（**10, 14** など，図 6.6

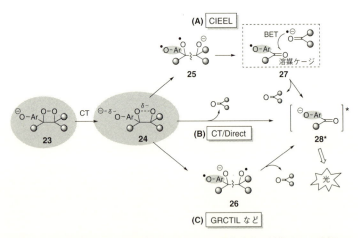

図 6.15　オキシドアリール置換ジオキセタンの電荷移動に誘発される分解における 3 つの化学励起メカニズム

参照）は塩基処理によりオキシドアリール（⁻OAr）置換体 **23** となり，分解して発光する． ジオキセタン **23** の分解には小さいながら $50 \sim 100 \mathrm{~kJ~mol^{-1}}$ の活性化エネルギーが必要とされる．CIEEL では ⁻OAr からジオキセタン O−O にいきなり 1 電子が移動することになるが，理論的な研究によるとこれには大きなエネルギーが必要であり，$50 \sim 100 \mathrm{~kJ~mol^{-1}}$ の活性化エネルギーではとてもまかなえない．そこで登場するのが，「電荷移動分解は⁻OAr からジオキセタン O−O へいくばくかの電荷が移ることから始まる」という CT（電荷移動）メカニズムである．

　ジオキセタン O−O は伸縮振動で結合が伸びたときに電荷を受け取りやすくなり，このタイミングで⁻OAr からの CT が起こる．このときに必要なエネルギーが前述の活性化エネルギーに相当する．こうしてジオキセタン **23** は遷移状態 **24** に達するが，この段階は（**A**），（**B**），（**C**）いずれのメカニズムにも共通する（図 6.15）．遷移状態 **24** からは O−O 結合がさらに伸びてジオキセタン環の捩じれが大きくなると同時に⁻OAr からの電荷移動がいっそう進み，負電荷がより多く O−O に蓄積される．ついには 1 電子がそっくり移動した状態になり，O−O 結合が切断されて分子内のジラジカル/アニオン **25** あるいはラジカルアニオン/ラジカル **26** が生成する．**25** と **26** の違いは大きく，**25** では将来エミッターとならない O の側に負電荷があり，**26** ではエミッターとなる側の O に負電荷がある．

　ジラジカル/アニオン **25** の C−C 結合が切れてラジカル/ラジカルアニオン対 **27** が生成する．**27** の消滅過程での逆電子移動（BET）により励起エミッター **28*** が生成し発光する．これが当初の「分子内電子移動（ET）により **23** から直接 **25** が生成する」という ET 過程に修正を加えた（**A**）CIEEL メカニズムになる．

120　第6章　生物に学んだジオキセタンの化学発光

　一方，ラジカルアニオン/ラジカル **26** からは中性のカルボニルフラグメントが抜けて励起エミッター **28*** が生成し発光する．これが **(C)** の GRCTIL メカニズムである．なお，GRCTIL メカニズムでは **26** が生成する前段階でジオキセタンの2つの O 間での電荷のやりとりがあるが複雑なので省略する．メカニズム **(A)** や **(C)** と異なり，**25** や **26** を生成することなく直接（direct）に励起エミッター **28*** を生成するという説明が CTIL などのメカニズム **(B)** である．ここでメカニズム **(C)** において，**26** が生成しきる前に **28*** が生成すればまさにメカニズム **(B)** となる．

　メカニズム **(B)** と **(C)** は近く，**(C)** の極限の姿が **(B)** と考えることができる．そうすると，**(A)**，**(B)**，**(C)** の3つのメカニズムを考えたが，中間体として **25** か **26** のいずれが生成するかという違いに落ち着く．実際には程度の差はあれ，これらが混じり合った状態で化学励起が起こると考えるのが妥当であろう．どちらのメカニズムの比重が高いかどうかはジオキセタン **23** の構造による．ただ，分子間の BET というリスクを負わないだけ，**(B)**，**(C)** のほうが **(A)** より化学励起には好都合にみえる．

　なお，CIEEL という頭字語（acronym）は内容を必ずしも正確に反映することなく，かなりルーズに多用されてきている．しかしジオキセタンの単純な熱分解に対比するものとして定着している頭字語なので，本書でも「電荷移動に誘発される発光分解」という意味で CIEEL を使用している．

6.4　ジオキセタンの構造と発光の特性

　今日では高効率な"オンデマンド"型の化学発光基質として数多くのジオキセタンが生み出され，なかには発光効率が 40% を超え

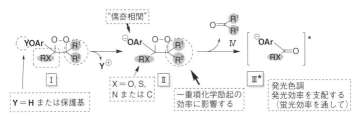

図 6.16 オキシアリールジオキセタンの発光における置換基の影響

るもの,そして紫から深紅の光さらには近赤外光を放つものまで知られている.また半減期が 1 秒に満たないフラッシュ光を発するものから長時間にわたりグロー光を放つジオキセタンも知られている.

これらのジオキセタンのほとんどは図 6.16 の I のような構造を有している.トリガリングにより Y(H あるいは保護基)を外しオキシドアリールアニオン $^-$OAr 体 II とすると $^-$OAr から O−O への分子内電荷移動により即座に分解し,励起カルボニル III*とケトン IV を生成する.それではジオキセタンの 4 つの置換基 $^-$OAr,RX,R^1,R^2 が発光にどのように影響するのか? 置換基間の相互作用はさておき置換基ごとに整理すると,

(1) $^-$OAr:ジオキセタン II の電子供与体でありエミッター III*のフルオロフォアであるから,発光の効率,色調,そして速さ(II の分解速度)すべてに影響する最も重要な置換基である.
(2) RX:X=O,S,N,C と変わるに従いエミッター III*はエステル,チオールエステル,アミド,ケトンとなり,発光色調が変化する.また,$\Phi_{CL}=\Phi_S\times\Phi_{FL}$ であるから,III の蛍光効率 Φ_{FL} の違いが発光効率 Φ_{CL} に影響する.概して発光効率は X=S,N,C に比べ X=O の場合に高い.

（3）置換基 R^1 と R^2：ジオキセタンの分解後，エミッターにはならないカルボニルフラグメントを構成する．発光色調には影響しないが一重項化学励起効率 Φ_S に影響する．

（4）ジオキセタン II の分解速度にはすべての置換基が影響する．

　次にジオキセタンの発光特性が置換基と立体構造によりどのように影響されるかについて，代表的な事象を例にして述べる．

6.4.1　発光特性の偶奇相関則

　芳香環⁻OAr の種類により発光の効率や色調が変化するのは容易に推定できる．それに加えて，ジオキセタン I （II）（図 6.16）の YO（⁻O）基が Ar 環上のどこに位置するかが発光特性に大きく影響する．基本型といえるオキシフェニル置換ジオキセタンでは，3-オキシ体 **10a** の発光効率は $\Phi_{CL}=25\%$ に達するのに対し 4-オキシ体 **29** の Φ_{CL} はその 1/500 に激減する．図 6.17 に示すように，YO（⁻O）基の置換位置による Φ_{CL} の著しい相違は，オキシナフチル置換ジオキセタン **30** でも認められる．発光効率の"偶奇相関則（odd/even relationship）"といわれるもので，「芳香環上のジオキセタンの置換位置を起点として YO が奇数番目に結合しているときには Φ_{CL} が高く，偶数番目に結合しているときには Φ_{CL} が低い」という経験則である．たとえば，図 6.17 の左グラフに示すように，YO が奇数番目（7）にあるナフチルジオキセタン **30** の発光効率 $\Phi_{CL}=6\%$ に対し，YO が偶数番目（6）にある異性体の発光効率（$\Phi_{CL}=0.0003\%$）は激減（約 1/20,000）している．

　このような"偶奇相関"は発光色調（λ_{max} として表示）やジオキセタンの分解速度（擬一次反応速度定数 k として表示）にも認められる（図 6.17）．すなわち，奇数番目のものは偶数番目のものに比べ「発光効率は高く，発光色調は長波長側に，そして分解速度は

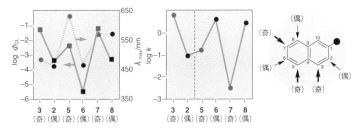

図 6.17　オキシアリール置換ジオキセタンの発光における偶奇相関

遅くなる」傾向にある．

6.4.2　ジオキセタンの立体化学と一重項化学励起効率
a. ジオキセタンの立体配置と一重項化学励起効率

　図 6.16 のジオキセタンの置換基 R^1 や R^2 はジオキセタン **10**（図 6.6）ではアダマンチリデン基であり，ジオキセタン **14** ではアルキル置換テトラヒドロフラン環の炭素鎖と t-Bu 基である．どちらもエミッターは 3-オキシド安息香酸エステルであり，発光効率 $\varPhi_\mathrm{CL}$ はいく分異なるものの **10** と **14** では一重項化学励起効率 $\varPhi_\mathrm{S}$ に差はない．一方，図 6.18 に示す立体異性ジオキセタン **31**-*cis* と **31**-*trans* はまったく同じエミッター **32*** を生成するが，両者では $\varPhi_\mathrm{S}$

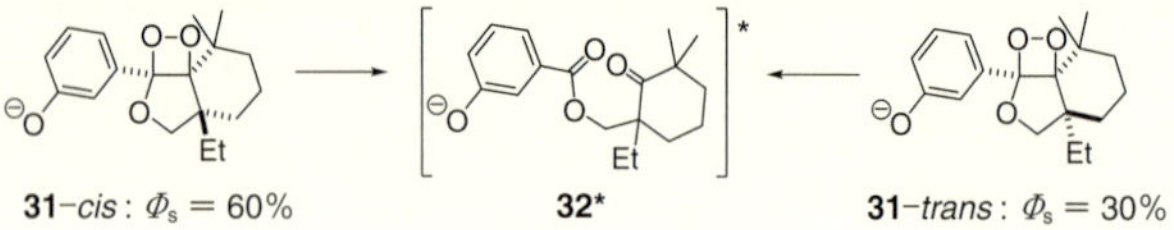
31-cis : Φ_s = 60%
32*
31-trans : Φ_s = 30%
Et

図 6.18　ジオキセタンの置換基と立体配置の一重項化学励起効率に及ぼす効果

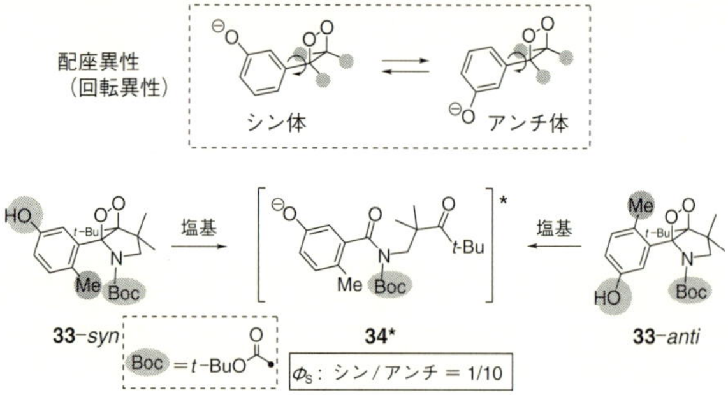
配座異性
(回転異性)
シン体
アンチ体
塩基
33-syn
34*
33-anti
Boc = t-BuO
Φ_S : シン / アンチ = 1/10

図 6.19　芳香環の立体配座と一重項化学励起効率の相関

が 2 倍異なる．このようにジオキセタンの立体配置が Φ_S に影響を及ぼす例は多い．

b．ジオキセタンの立体配座と一重項化学励起効率

図 6.16 の I や II で表されるオキシアリールジオキセタンの芳香環はジオキセタン環との結合軸の周りで自由に回転している．ところが，3-ヒドロキシフェニルの 6-位にメチル基を導入したジオキセタン **33** ではピロリジン環の N に付いた Boc（*t*-BuOCO）基と芳香環の 6-メチル基との立体障害により芳香環の回転が阻害され，図 6.19 に示すように配座異性体（回転異性体）**33**-*syn* と **33**-*anti* をそれぞれ単離できる．なお，異性体 **33**-*syn* では芳香環上の OH

基はピロリジン環の面に対しジオキセタン O−O と同じ側にあり，異性体 **33**-*anti* では OH 基は反対側にある．配座異性体 **33**-*syn* と **33**-*anti* を塩基で処理すると，どちらも励起イミド **34*** を生成し橙色の光（$\lambda_{max}=578\sim584$ nm）を放つ．しかし一重項化学励起効率 Φ_S には劇的な違いがみられ，アンチ体からの効率はシン体の 10 倍に達する．このようなシン/アンチ配座異性体間の Φ_S の著しい違いはナフチル置換ジオキセタンでも認められる．配座異性体の混合物のまま発光させれば，実質的には **33**-*anti* の発光のみが観測されることになる．

6.5　ジオキセタン発光の利用

　化学発光基質としてのオキシアリール置換ジオキセタンの最大の利点は塩基性条件下で脱保護あるいは脱プロトン化（トリガリング）するだけで発光反応の起こることである．この特性に着目してまず応用されたのが保護基としてリン酸エステルを用いアルカリ性ホスファターゼにより脱保護する発光である．アルカリ性ホスファターゼをモノクローナル抗体に標識し検査対象となる抗原をジオキセタン AMPPD® や DIFURAT®（図 6.6）からの発光として捉える CLEIA 法（コラム 14 参照）が細菌やウイルスによる感染症やホルモンなどの高感度迅速分析法として臨床検査に用いられている．

　リン酸エステルに代わって，特定の酵素により特異的にトリガリングされる β-ガラクトースやアシルエステルといった保護基を用いれば生体内のさまざまな標的物質を分析できる．しかし大きな問題はトリガリングにより生成するオキシドアリール（$^-$OAr）ジオキセタンの発光効率が生物試料を扱う水系では通常激減することである．たとえば AMPPD® の脱保護で生成する 3-オキシドフェニル

126   第6章　生物に学んだジオキセタンの化学発光

----- コラム 14 -----

化学発光イムノアッセイと生物発光イムノアッセイ

- **イムノアッセイ**（免疫測定法，immunoassay）：免疫反応（抗原抗体反応）を利用して微量物質の検出と定量を行う分析法．抗原抗体反応の高い特異性に着目して，測定の対象となる微量物質（ホルモン，酵素など）を抗原とする抗体を作製し，微量物質の測定を行う．

- **標識イムノアッセイと非標識イムノアッセイ**：抗原抗体反応を検出するために標識をつけるかつけないかで区別する．血液型を決めるのに使われる赤血球凝集反応は非標識イムノアッセイの例である．非標識イムノアッセイは簡便ではあるが高感度化が困難なため，標識イムノアッセイが開発されるようになった．最初に登場したのが放射性ヨウ素（^{125}I）などの放射性同位体（radioisotope）で標識するラジオイムノアッセイ（radioimmunoassay：RIA）である．しかしこの方法は施設の整備，高価な測定機器の使用，放射性廃棄物の処理などの問題から応用は限られていた．1970 年台に入ると，酵素を標識として用いるエンザイムイムノアッセイ（酵素免疫測定法，enzyme immunoassay：EIA）が開発され，安全，安価，簡便性から今日では盛んに用いられている．EIA の標識としてはペルオキシダーゼ，β-グルクロニダーゼ，ガラクトシダーゼ，アルカリ性ホスファターゼなどがある．標識イムノアッセイには RIA や EIA のほか，蛍光検出イムノアッセイ，化学発光イムノアッセイや生物発光イムノアッセイなどがある．

- **化学発光イムノアッセイ**：化学発光化合物を標識に用いる化学発光イムノアッセイ（chemiluminescent immunoassay：CLIA）と酵素を標識にしてその酵素活性の検出に化学発光を利用する化学発光酵素イムノアッセイ（chemiluminescent enzyme immunoassay：CLEIA）がある．

*CLIA：ルミノール誘導体（5.3 節）やアクリジニウム誘導体（5.4 節）などの発光化合物を抗原または抗体に標識し，抗原抗体反応後に発光反応により検出する．

***CLEIA**：酵素を抗原または抗体に標識し，抗原抗体反応後に標識酵素の活性を化学発光反応で検出する．酵素による増幅効果により高感度が期待される．検出限界は 10^{-21} mol/assay に達するものもある．例としてアルカリ性ホスファターゼ（標識酵素）とジオキセタン（化学発光化合物）を用いたサンドイッチ法による標的抗原の測定法を図で示す．サンドイッチ法とは：固相化したキャプチャー抗体で標的抗原を捉え，それを標識した抗体で認識させる方法である．

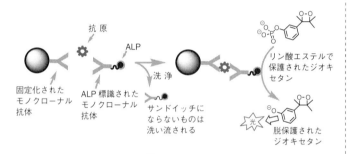

図 CLEIA
アルカリ性ホスファターゼ（ALP）で標識されたモノクローナル抗体とジオキセタン（化学発光化合物）を用いてサンドイッチ法により標的抗原を測定．

- **生物発光イムノアッセイ**（BLIA）：化学発光に代えて生物発光をイムノアッセイに利用する．たとえば，ホタルルシフェリン誘導体をホタルルシフェリンに変換できるような既存の酵素をEIAに適用する．抗原抗体反応後に酵素反応により生成するホタルルシフェリンをリコンビナントルシフェラーゼで発光させ検出する．今日では，さまざまな発光生物からのリコンビナントルシフェラーゼが作り出され，高感度分析に応用されている．

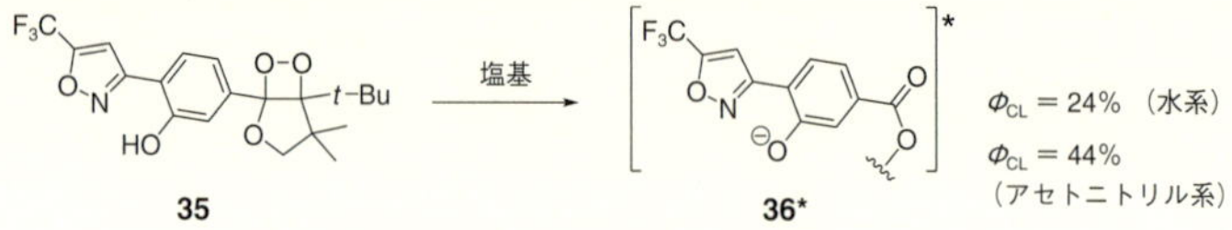

128 第6章 生物に学んだジオキセタンの化学発光

図 6.20 高効率発光ジオキセタン

置換ジオキセタンの水系での発光効率は DMSO 系に比べ 1/30,000 以下，DIFURAT® では 1/10,000 である．これを改善する工夫として第四級アンモニウム塩やホスホニウム塩のような界面活性剤が用いられ，水系での発光効率を数百倍向上させている．

　水系での発光効率の激減は一重項化学励起効率とエミッターの蛍光効率の両方が低下することによる．ジオキセタン O−O および励起エミッター C＝O への水素結合や水との双極子−双極子相互作用などが相乗的にはたらくためとされているが，明確にはわかっていない．ただ，エミッターの C＝O への水素結合を抑えるという作業仮説で設計されたジオキセタン 35 は非プロトン性溶媒中でも水系でも高効率で発光する［Φ_{CL}＝44％（アセトニトリル系），Φ_{CL}＝24％（水系）］（図 6.20）．35，36* のイソオキサゾール環があたかも水分子に対する"目くらまし"となっている．

　同じくオキシフェニル基の π 電子系を拡張し水系でのジオキセタンの発光効率の向上と発光の長波長化を目指した発光基質 37 を図 6.21 に示す．基質 37 は H_2O_2 で酸化的にトリガリングされ励起エミッター 38* を生成し赤色光（λ_{max}＝690 nm）を発する．水系での発光効率は 10％ である．

　腫瘍の *in vivo* バイオイメージング用に開発された基質 39 はプロテアーゼで脱保護できるようにまず *p*−アミノベンジルエーテルとして保護し，アミノ基にはリンカーを経て腫瘍ホーミングペプチ

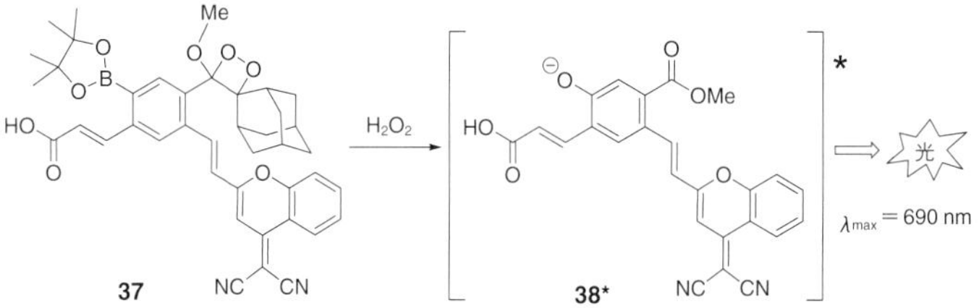

6.5 ジオキセタン発光の利用　*129*

図 6.21　過酸化水素によりトリガリングされる高効率ジオキセタン

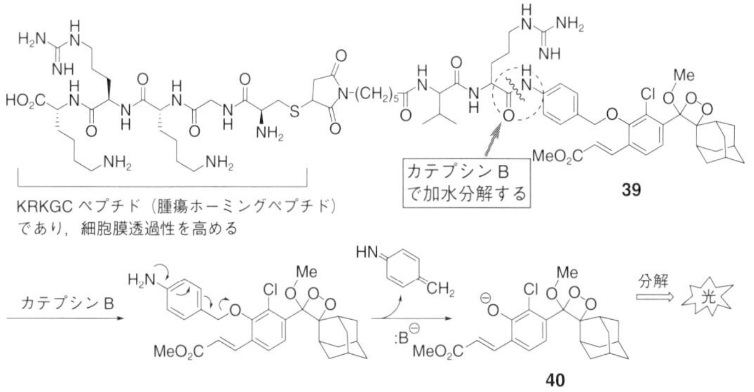

図 6.22　バイオイメージングに用いられるジオキセタン

ド†を結合させて腫瘍を標的にするとともに細胞膜透過性を高める
ように工夫されている（図 6.22）．基質 **39** はカテプシン B（プロ
テアーゼの一つ）でトリガリングされてオキシドフェニルジオキセ
タン **40** を生成，その分解発光によりカテプシン B の発現されてい
る細胞を顕微鏡下で画像として捉えることができる．

　ここまでに述べてきた酵素の高感度検出では標的酵素が多数のジ
オキセタン分子を触媒的に脱保護することにより成り立っている．
一方，図 6.21 の H_2O_2 分析基質 **37** のように化学物質を対象とする

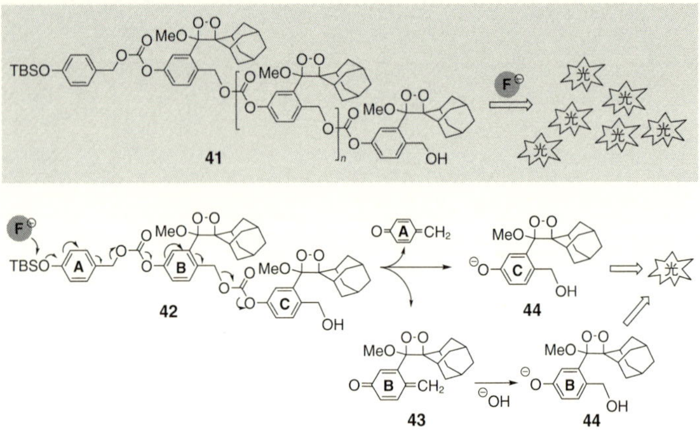

130 第 6 章 生物に学んだジオキセタンの化学発光

図 6.23 ジオキセタン高分子のドミノ分解によるフッ化物イオンの検出

場合にはジオキセタンと分析対象とは化学量論的な関係にある．この限界を打ち破る試みが図 6.23 に示すジオキセタン高分子 **41** のドミノ分解である．フッ化物イオン F⁻ によるトリガリングの開始と分解発光の仕組みを二量体 **42** で説明する．

(1) まずフッ化物イオン F⁻ が左端の TBS（t-Bu(Me)$_2$Si−）を脱保護するとフェノキシベンジル基（**A** 環）が CO_2 を放出しながらキノンメチド（**A** 環）として脱離する．

(2) それにより生成するオキシドフェニル（**B** 環）はドミノ式に CO_2 を放出してキノンメチド（**B** 環）置換ジオキセタン **43** とオキシドフェニル（**C** 環）置換ジオキセタン **44** を生成する．ジオキセタン **43** には OH⁻（H_2O）が付加して **44**（ただし **B** 環）となる．結局，1 個のフッ化物イオンの作用により 2 個の **44** が生成することになる．

(3) ジオキセタン **44** はただちに分解して発光する．

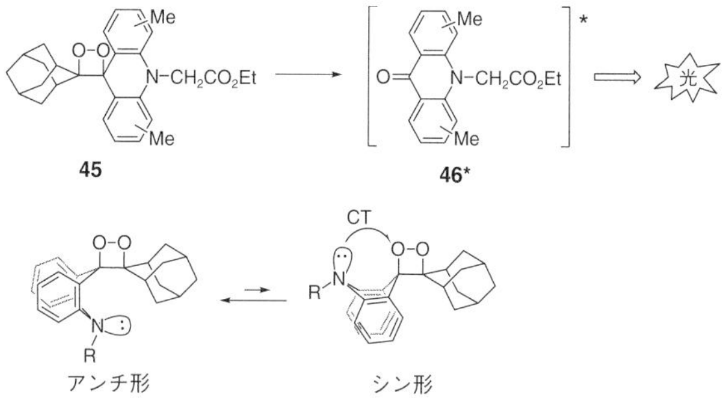

6.5 ジオキセタン発光の利用 *131*

図 6.24　熱のみで電荷移動誘発分解を起こすジオキセタン

　ジオキセタンのつながった $n=18$ の高分子 **41** は 1 分子で単量体 20 分子の 20 倍ほど発光する．また発光は長時間持続する．

　これまで紹介してきた発光基質はすべて酵素や塩基によりオキシドアリールジオキセタンを生成し，それらが電荷移動誘発分解により発光するものである．一方，図 6.24 のアクリダンとアダマンチリデンを結合させたジオキセタン **45** は単に加熱（100℃ 以下）するだけで電荷移動分解を起こし，励起アクリドン **46*** を生成し比較的高い効率で発光する．基質 **45** はアンチ⇄シンの配座平衡にあり，シン配座をとったときに分子内電荷移動を起こす．それほど高温に加熱しなくてもジオキセタン **45** は分解するにもかかわらず室温で取り扱えるのは，低温では平衡がアンチ配座に偏っているためであろう．このようなジオキセタン **45** の性質を利用してバイオセンシングに使えるシリカナノ粒子へのドーピングが試みられ，蛍光色素と併用すると約 10^{-17} mol mm^{-2} の検出限界まで高感度化される．

　ビスアダマンチリデンジオキセタン **4** は単なる熱分解では効率の良い発光を起こさないが（6.1 節），適当な蛍光色素を共存させ

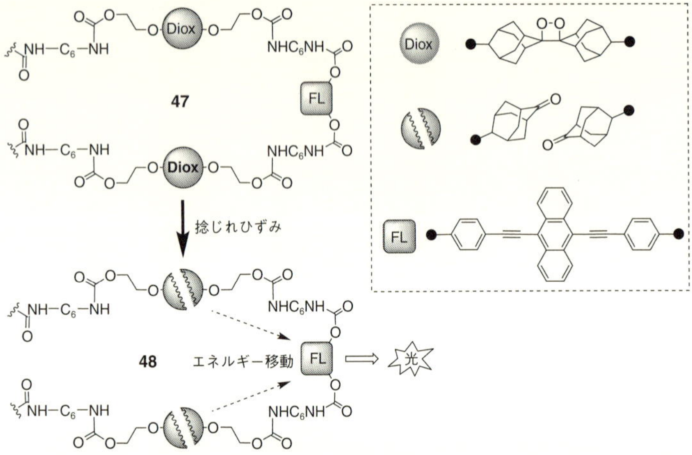

132 第6章 生物に学んだジオキセタンの化学発光

図 6.25 ジオキセタンを高分子鎖に組み込んだポリアミドの発光

れば発光基質として使用可能となる．図6.25に示すように，高分子鎖に **4** のジヒドロキシ誘導体と蛍光色素 9, 10-ビス（フェニルエチニル）アントラセン FL を組み込んだポリアミド **47** は捻じれ歪みをかけるとジオキセタン Diox が分解し **48** となり，FL へのエネルギー移動により発光する．ジオキセタンの特性を生かした応用であり，高分子の性能試験への利用が可能とされている．

〈用語の説明〉（50 音順）

A 値（Winstein-Holness の A 値） ＝置換シクロヘキサンの配座異性体間のギブズ（Gibbs）自由エネルギーの差．配座異性体の比に対する置換基の立体的な影響を示す指標で，多置換シクロヘキサンにおける置換基の影響についても考えることができる．Me ＝1.7，Et＝1.75，*i*-Pr＝2.15，*t*-Bu>4 など．

腫瘍ホーミングペプチド＝腫瘍細胞，組織に対する吸収性がとりわけ高い細胞膜透過ペプチド.

溶媒ケージ（solvent cage）＝溶質化学種を取り囲む溶媒分子の集合によって形成される分子レベルでの空洞の場.

おわりに

　バイオテクノロジーの進歩により，さまざまな発光生物のルシフェラーゼを手にし，それらを利用する研究が今日盛んに行われている．一方，新たな発光生物のルシフェリンを知り発光の仕組みを解き明かすという研究ではここ 20 年ほど進展がなかったが，この数年の間に発光ミミズと発光キノコで 2 つの新しいルシフェリンが久しぶりに発見された．これらについては発光メカニズムの研究も進んでいる．しかし，渦鞭毛藻やオキアミの発光メカニズムについては今も謎である．ラチアの発光に関わる蛍光タンパク質も未知である．研究途上のワサビタケルシフェリンのようなものもある．新しいルシフェリンの探索には途方もない労力，根気，熱意が必要であろう．ただそこから今までの常識を覆すような発光系が見つかるのではないかという期待も大きい．

　ホタル，ウミホタルや発光クラゲのように発光のメカニズムについておおよそ明らかにされている生物発光についても，ジオキセタンの化学を踏まえると新たな疑問が湧き上がる．ルシフェラーゼに触媒されるルシフェリンの反応と化学励起過程を立体化学の視点から考える必要があるのでは？　ということである．

　ジオキセタンの発光では発光効率がジオキセタンの立体化学に大きく影響される．もう一つは，紙面の都合で割愛したが，光学活性なジオキセタンを光学活性な塩基でトリガリングすると，塩基のキラリティーに応じて発光色調変調と発光効率の変化が起こることである．また，データの集積などまだ十分ではないものの，光学活性ジオキセタンが偏光を放つことは予備的な実験として知られている．

136　おわりに

いくつかの生物発光でもルシフェリンとジオキセタノン中間体に至る前段階のヒドロペルオキシドが光学活性であることは知られている．ホタルルシフェリンは光学活性な D-体であり，L-体は L-L 反応を阻害する．ルシフェラーゼとのマッチングだけの問題なのか？　しかも L-システインからまず生合成されるのは L-体である．なぜわざわざ D-体に変換されるのか？　一方，セレンテラジンには不斉中心がないが，イクオリン中のセレンテラジンヒドロペルオキシドは光学活性である．レニラの発光タンパク質中のセレンテラジンヒドロペルオキシドはイクオリンの場合と逆の立体化学をもっている．セレンテラジンがヒドロペルオキシ化される反応場（酵素タンパク質のポケット）の異方性だけの問題なのか？　あるいは別の意味もあるのか？　さらには反応の経路から考え，ホタルも発光クラゲもレニラでも生成するジオキセタノン中間体はおそらく光学活性である．それらの立体配座はタンパク質のポケット中で制御されていると想像される．ジオキセタンの例から考え，立体配座の制御は化学励起効率に影響する．また，光学活性なジオキセタノンは偏光を発してもおかしくはない．

　ホタルの幼虫は左右の体側にランターンをもっていて，左右で逆の偏光を放っているという報告がある．ランターンをつくっているタンパク質の異方性の影響なのか？　発光反応そのものによるのか？　いっさいわかっていない．ミツバチに代表されるいろいろな昆虫が偏光を利用し行動していることはよく知られている．ホタルの場合には偏光と何らかの関わりがあるか？

　ホタルなどの甲虫はいずれもホタルルシフェリンを基質として発光するが，発光効率は鉄道虫の $\Phi_{BL} = 15\%$ からヒカリコメツキの $\Phi_{BL} = 61\%$ まで 4 倍も異なる．発光の色調も異なるが，なぜこれほど大きな違いがみられるのであろうか？　ジオキセタンを始めとす

る化学発光の高効率化へのヒントが隠されていそうである．また，ホタルなどの生物発光やCIEEL活性ジオキセタンの化学励起のメカニズムについての理論的な研究がいろいろと行われているが，化学励起効率と構造との相関について総括的に理解できるような説明はまだない．

　生物発光も化学発光の多くも電荷移動に誘発されるCIEEL型の分解が発光につながっているとされているが，ラジカルイオン対の直接的な捕捉に成功した例はない．また，過シュウ酸エステル発光のジオキセタンジオンについてもより確かな証拠が望まれる．ルシゲニンやアクリジン発光の高エネルギー中間体についてもしかりである．ただの議論に終わることなく基礎に軸足を置いて反応のメカニズムを解き明かす努力は応用にもつながるはずである．「応用をやるには基礎をやれ」ノーベル化学賞を受賞された故福井謙一博士の言葉である．

参考文献

[1] 羽根田弥太，『発光生物』，恒星社厚生閣（1985）．

[2] O. Shimomura, "Bioluminescence, Chemical Principles and Methods", World Scientific, Singapore（2006）．

[3] 今井洋一 編，『生物発光と化学発光：基礎と実験』，廣川書店（1989）．

[4] 稲葉文雄，後藤俊夫，中野 稔 監，『ルミネッセンスの測定と応用〜生物-化学発光の基礎と各種領域への応用』，NTS（1990）．

[5] 今井洋一，近江谷克裕 編著，『バイオ・ケミルミネセンスハンドブック』，丸善出版（2006）．

[6] 木下修一，太田信廣，永井健治，南不二雄 編，『発光の事典』，朝倉書店（2015）．

[7] 大沢善次郎，『ケミルミネッセンス　化学発光の基礎・応用事例』，丸善出版（2003）．

[8] 井上晴夫，高木克彦，佐々木政子，朴 鐘震，『光化学Ⅰ』，丸善出版（1999）．

[9] M. Zimmer, "Glowing Genes, a Revolution in Biotechnology", Prometheus Books（2005）：小澤岳昌 監訳，大森充香 訳，『光る遺伝子，オワンクラゲと緑色蛍光タンパク質 GFP』，丸善出版（2009）．

[10] 下村 脩，『光る生物の話』，朝日新聞出版（2014）．

[11] S. Lewis, "Silent Sparks: The Wondrous World of Fireflies", Princeton University Press（2016）：高橋功一 訳，大場祐一 監修，『ホタルの不思議な世界』，エクスナレッジ（2018）．

[12] 大場祐一，『恐竜はホタルを見たか』，岩波書店（2016）．

[13] 近江谷克裕，化学と教育，**2016**，372-375（2016）．

[14] 丹羽一樹，中島芳浩，近江谷克裕，生化学，**87**，675-685（2015）．

[15] 平野 誉，光化学，**38**，111-118（2007）．

[16] A. S. Tsarkova, Z. M. Kaskova, I. V. Yampolsky, *Acc. Chem. Res.*, **49**, 2372-2380（2016）．

[17] Z. Shakhashiri, "Chemical Demonstrations: A Handbook for Teachers of Chemistry", vol.1, the University of Wisconsin Press（1983）：池本 勲 訳，『教師のためのケミカルデモンストレーション 2　化学発光・錯体』，丸善出版（1997）．

[18] S. Patai, ed., "The Chemistry of Proxides", Wiley（1983）．

[19] M. Matsumoto, *J. Photochem. Photobiol. C. Photochem. Rev.*, **5**, 27-53（2004）．

[20] Z. Rappoport, ed., "The Chemistry of Proxides", vol. 2, Wiley（2006）．

140 参考文献

[21] 本吉谷二郎, 有合化, **70**, 1018-1029 (2012).

[22] J. Li, L. Chen, L. Du, M. Li, *Chem. Soc. Rev.*, **42**, 662-676 (2013).

[23] O. Green, T. Eilon, N. Hananya, S. Gutkin, C. R. Bauer, D. Shabat, *ACS, Cent. Sci.*, **3**, 349-358 (2017).

[24] S. Gnaim, O. Green, D. Shabat, *Chem. Commun.*, **54**, 2073-2085 (2018).

[25] M. Vacher, I. F. Galván, B-W. Ding, S. Schramm, R. B.-Pache, P. Naumov, N. Ferré, Y-J. Liu, I. Navizet, D. R.-Sanjuán, W. J. Baader, R. Lindh, *Chem. Rev.*, **118**, 6927-6974 (2018).

索　引

【欧文・略号】

Akalumine^{TM}·······························61
Albrecht···································77
ATP······································38, 58
A 値·······································110

Baeyer–Villiger 反応·····················52, 54
BET：back electron transfer···········100
Boyle····································33
BRET：bioluminescence resonance
　　energy transfer····················49

Chandross·································93
CIEEL：chemically initiated electron
　　exchange luminescence·············39
CIEEL 機構·······························106
CLEIA···································127
CLIA····································126
CLuc····································64
CTIL····································118

Diels–Alder 反応·························53
Dubois···································33

Einstein··································7
Einstein–Planck の式····················8

Fizeau···································10
FLuc····································38
FMN·····································51
FRET：flourescence resonace energy
　　transfer····························49

GFP：green fluoresent protein·········50

Gleu····································84
GLuc····································62
GRCTIL··································118

Harvey···································103
Hertz····································10
HOMO····································13
HRP·····································77, 93
Hund の規則······························11, 12

Jablonski 図······························14

Kopecky··································104

L–L タイプ································29
L–L 反応·································28, 33
LUMO····································13
lux オペロン·····························64

Maxwell··································9
McElroy··································61, 103
Mumford··································104

NADH····································52
Newton···································5
NO 合成酵素：NOS·······················44

OLuc····································62

Pauli の排他原理··························11, 12
Petsch···································84
PO–CL···································93
PP タイプ·································29
PP/O_2 タイプ····························29

Radziszewski·····························70

142 索 引

Rauhut・・・・・・・・・・・・・・・・・・・・・・・・・・96
RLuc・・・・・・・・・・・・・・・・・・・・・・・・・・・・・62
ROS・・・・・・・・・・・・・・・・・・・・・・・・・・・・・・30
Russell 機構・・・・・・・・・・・・・・・・・・・・・68

Schaap・・・・・・・・・・・・・・・・・・・・・・・・・106
Schuster・・・・・・・・・・・・・・・・・・・40, 106

TCCPO・・・・・・・・・・・・・・・・・・・・・・・・・101
TCPO・・・・・・・・・・・・・・・・・・・・・・・・・・101
TMDO・・・・・・・・・・・・・・・・・・・・・・・・・104
Trautz-Schorigin 反応・・・・・・・・・・・71

Warburg 効果・・・・・・・・・・・・・・・・・・・65
White・・・・・・・・・・・・・・・・・・・・・・61, 103
Winstein-Holness の A 値・・・・・・・110

XYZ 系活性酸素消去発光・・・・・・・・71

【ア行】

アイソフォーム・・・・・・・・・・・・・・・・・・62
アクリジニウム塩・・・・・・・・・・・・・・・86
アクリジン・・・・・・・・・・・・・・・・・・・・・・86
アクリダン・・・・・・・・・・・・・・・・・・・・・・92
アクリドン・・・・・・・・・・・・・・・・・・・・・・84
アポイクオリン・・・・・・・・・・・・・・・・・47
アポタンパク質・・・・・・・・・・・・・・・・・29
アラクノカンパ・・・・・・・・・・・・・・・・・23
アルカリ性ホスファターゼ・・・・・・125, 127
アントラセン・・・・・・・・・・・・・・・・・・・69

イクオリン・・・・・・・・・・・・・・・・・・・・・・47
イソルミノール・・・・・・・・・・・・・・・・・83
一重項化学励起効率・・・・・・・・74, 107, 123
一重項酸素・・・・・・・・・・・・・・・・・・・・・・30
一重項励起状態・・・・・・・・・・・・・・・・・14
一酸化窒素・・・・・・・・・・・・・・・・・・・・・・44
イミダゾピラジノン・・・・・・・・・・・・・45

色の 3 原色・・・・・・・・・・・・・・・・・・・・・・・6

渦鞭毛虫・・・・・・・・・・・・・・・・・・・27, 37
ウミホタル・・・・・・・・・・・・・・・・・・・・・・24
ウミホタルルシフェリン・・・・・・・・・45

エレクトロルミネセンス・・・・・・・・・20
炎色反応・・・・・・・・・・・・・・・・・・・・・・・・18

オキシルシフェリン・・・・・・・・・・・・・38
オワンクラゲ・・・・・・・・・・・・・・・・・・・・24

【カ行】

カウンターシェーディング・・・・・・・27
化学発光・・・・・・・・・・・・・・・・・・・・・・・・20
化学発光イムノアッセイ・・・・・・・・126
化学励起・・・・・・・・・・・・・・・・・・・・・・・・16
過酸化物・・・・・・・・・・・・・・・・・・・・・・・・68
可視光・・・・・・・・・・・・・・・・・・・・・・・・・・10
過シュウ酸エステル化学発光・・・・・93
カソードルミネセンス・・・・・・・・・・・20
活性化エネルギー・・・・・・・・・・67, 105
活性酸素・・・・・・・・・・・・・・・・・・・・・・・・30
活性シュウ酸アミド・・・・・・・・・・・・102
壁効果・・・・・・・・・・・・・・・・・・・・・・・・・110

基底状態・・・・・・・・・・・・・・・・・・・・・・・・13
キノコルシフェリン・・・・・・・・・・・・・53
逆 Diels-Alder 反応・・・・・・・・・・53, 80
逆電子移動・・・・・・・・・・・・・・・・・・・・・100
共生発光・・・・・・・・・・・・・・・・・・・・・・・・32
巨大ミミズルシフェリン・・・・・・・・・50

偶奇相関則・・・・・・・・・・・・・・・・・・・・・122
クオラムセンシング・・・・・・・・・・・・・56

蛍光・・・・・・・・・・・・・・・・・・・・・・・・・・・・15
蛍光量子効率・・・・・・・・・・・・・・・・・・・74
ケミカルライト・・・・・・・・・・・・・93, 94

索引　143

光化学反応·····················15
項間交差·····················15
好気的解糖系·····················65
光子·····················8
酵素活性アッセイ·····················59
光電効果·····················7
黒体放射·····················18
コペポーダ·····················36

【サ行】

最高被占軌道·····················13
最低空軌道·····················13
三重項励起状態·····················14

ジアザキノン·····················80
ジオキセタノン·····················103
ジオキセタン·····················38, 69, 103
　──の熱安定性·····················109
ジオキセタンジオン·····················98
視物質·····················5
シベリア産ミミズルシフェリン·····················50
脂肪酸 Co-A 合成酵素·····················35
ジメチルインドール·····················89
下村　脩·····················103
腫瘍ホーミングペプチド·····················129
自力発光·····················32
振動緩和·····················14

スーパーオキシドアニオン·····················86

生体の窓·····················60
生物発光·····················20
生物発光イムノアッセイ·····················126
西洋ワサビペルオキシダーゼ·····················77, 93
セレンテラジン·····················36
セレンテラミド·····················47

ソノルミネセンス·····················22

【タ行】

長鎖脂肪酸アシル CoA 合成酵素·····················60
チョウチンアンコウ·····················24

鉄道虫·····················60
電荷移動·····················114
電気化学発光·····················20, 40
電磁波·····················8
電磁誘導·····················9

トリボルミネセンス·····················22

【ナ行】

内部変換·····················14

熱分解·····················109
熱ルミネセンス·····················19

【ハ行】

バイオイメージング·····················58
バイオセンシング·····················58
バイオフォトン·····················21
白色光·····················6
白リン·····················22
発蛍光団·····················50
発光キノコ·····················27
発光効率·····················74
発光細胞·····················44
発光色調変調·····················42
発光スペクトル·····················74
発光バクテリア·····················24, 64
半自力発光·····················32

ヒカリキノコバエ·····················23
ヒカリコメツキ·····················23
光の 3 原色·····················5

標識酵素··········127

フォトサイト··········44
フォトプロテイン··········29
フォトルミネセンス··········17
フタルヒドラジド··········82
フラビンモノヌクレオチド··········51
フルオロフォア··········50, 82, 121
プレチャージ型化学発光基質··········107
プロルシフェリン··········55
分子間 CIEEL··········99, 114
分子内 CIEEL··········114
分子ビーコン··········91, 92

ヘアーピンプローブ··········91, 92
ペルオキシソーム··········44

放射失活··········14
ホタル··········23

【マ行】

マツカサウオ··········24

無放射失活··········14

【ヤ行】

ヤコウチュウ··········27
ヤブロンスキー図··········14

融合タンパク質··········62
溶媒ケージ··········115

【ラ行】

ラジカルイオン対··········115
ラチアルシフェリン··········50

リコンビナントタンパク質··········54
立体配座··········124
立体配置··········123
緑色蛍光タンパク質··········50
りん光··········15

ルシゲニン··········84
ルシフェラーゼ··········28
ルシフェリン··········25, 28, 32
ルシフェリン–ルシフェラーゼ反応
··········28, 33
ルミノール··········77

励起エネルギー··········67
励起状態··········13
冷光··········2
レポータータンパク質··········58
レポーターベクター··········58

ロドプシン··········62
ロフィン··········70

Memorandum

Memorandum

〔著者紹介〕

松本正勝（まつもと　まさかつ）
1970年　京都大学大学院 工学研究科 博士後期課程修了
現　在　神奈川大学名誉教授（工学博士）
専　門　有機合成化学，有機光化学，生物発光と化学発光

化学の要点シリーズ　35　*Essentials in Chemistry 35*
生物の発光と化学発光
Bioluminescence and Chemiluminescence

2019年11月15日　初版1刷発行
著　者　松本正勝
編　集　日本化学会　Ⓒ2019
発行者　南條光章
発行所　**共立出版株式会社**
　　　　［URL］　www.kyoritsu-pub.co.jp
　　　　〒112-0006 東京都文京区小日向4-6-19　電話 03-3947-2511（代表）
　　　　振替口座　00110-2-57035
印　刷　藤原印刷
製　本　協栄製本
printed in Japan

検印廃止
NDC　431.54
ISBN 978-4-320-04476-0

一般社団法人
自然科学書協会
会員

JCOPY ＜出版者著作権管理機構委託出版物＞
本書の無断複製は著作権法上での例外を除き禁じられています．複製される場合は，そのつど事前に，
出版者著作権管理機構（ＴＥＬ：03-5244-5088，ＦＡＸ：03-5244-5089，e-mail：info@jcopy.or.jp）の
許諾を得てください．

化学の要点シリーズ

日本化学会 編
全50巻刊行予定

❶酸化還元反応
佐藤一彦・北村雅人著‥‥‥‥‥本体1700円

❷メタセシス反応
森 美和子著‥‥‥‥‥‥‥‥‥本体1500円

❸グリーンケミストリー 社会と化学の良い関係のために
御園生 誠著‥‥‥‥‥‥‥本体1700円

❹レーザーと化学
中島信昭・八ッ橋知幸著‥‥‥‥本体1500円

❺電子移動
伊藤 攻著‥‥‥‥‥‥‥‥‥本体1500円

❻有機金属化学
垣内史敏著‥‥‥‥‥‥‥‥‥本体1700円

❼ナノ粒子
春田正毅著‥‥‥‥‥‥‥‥‥本体1500円

❽有機系光記録材料の化学 色素化学と光ディスク
前田修一著‥‥‥‥‥‥‥‥‥本体1500円

❾電 池
金村聖志著‥‥‥‥‥‥‥‥‥本体1500円

❿有機機器分析 構造解析の達人を目指して
村田道雄著‥‥‥‥‥‥‥‥‥本体1500円

⓫層状化合物
高木克彦・高木慎介著‥‥‥‥‥本体1500円

⓬固体表面の濡れ性 超親水性から超撥水性まで
中島 章著‥‥‥‥‥‥‥‥‥本体1700円

⓭化学にとっての遺伝子操作
永島賢治・嶋田敬三著‥‥‥‥‥本体1700円

⓮ダイヤモンド電極
栄長泰明著‥‥‥‥‥‥‥‥‥本体1700円

⓯無機化合物の構造を決める X線回折の原理を理解する
井本英夫著‥‥‥‥‥‥‥‥‥本体1900円

⓰金属界面の基礎と計測
魚崎浩平・近藤敏啓著‥‥‥‥‥本体1900円

⓱フラーレンの化学
赤阪 健・山田道夫・前田 優・永瀬 茂著
‥‥‥‥‥‥‥‥‥‥‥‥‥本体1900円

⓲基礎から学ぶケミカルバイオロジー
上村大輔・袖岡幹子・阿部孝宏・闐闐孝介・
中村和彦・宮本憲二著‥‥‥‥‥本体1700円

⓳液 晶 基礎から最新の科学とディスプレイテクノロジーまで
竹添秀男・宮地弘一著‥‥‥‥‥本体1700円

⓴電子スピン共鳴分光法
大庭裕範・山内清語著‥‥‥‥‥本体1900円

㉑エネルギー変換型光触媒
久富隆史・久保田 純・堂免一成著 本体1700円

㉒固体触媒
内藤周弌著‥‥‥‥‥‥‥‥‥本体1900円

㉓超分子化学
木原伸浩著‥‥‥‥‥‥‥‥‥本体1900円

㉔フッ素化合物の分解と環境化学
堀 久男著‥‥‥‥‥‥‥‥‥本体1900円

㉕生化学の論理 物理化学の視点
八木達彦・遠藤斗志也・神田大輔著
‥‥‥‥‥‥‥‥‥‥‥‥‥本体1900円

㉖天然有機分子の構築 全合成の魅力
中川昌子・有澤光弘著‥‥‥‥‥本体1900円

㉗アルケンの合成 どのように立体制御するか
安藤香織著‥‥‥‥‥‥‥‥‥本体1900円

㉘半導体ナノシートの光機能
伊田進太郎著‥‥‥‥‥‥‥‥本体1900円

㉙プラズモンの化学
上野貢生・三澤弘明著‥‥‥‥‥本体1900円

㉚フォトクロミズム
阿部二朗・武藤克也・小林洋一著 本体2100円

㉛X線分光 放射光の基礎から時間分解計測まで
福本恵紀・野澤俊介・足立伸一著 本体1900円

㉜コスメティクスの化学
岡本暉公彦・前山 薫編著‥‥‥本体1900円

㉝分子配向制御
関 隆広著‥‥‥‥‥‥‥‥‥本体1900円

㉞C–H結合活性化反応
イリイェシュ ラウレアン・浅子壮美・吉田拓未著
‥‥‥‥‥‥‥‥‥‥‥‥‥本体1900円

㉟生物の発光と化学発光
松本正勝著‥‥‥‥‥‥‥‥‥本体1900円

【各巻：B6判・並製・94～260頁】
※税別価格（価格は変更される場合がございます）

https://www.kyoritsu-pub.co.jp

共立出版

https://www.facebook.com/kyoritsu.pub